U0108777

一本讀懂虛擬貨幣

曾獻輝 著

商務印書館

責任編輯　吳佰乘
裝幀設計　麥梓淇
責任校對　趙會明
排　　版　肖　霞
印　　務　龍寶祺

一本讀懂虛擬貨幣

作　　者：曾獻輝
出　　版：商務印書館（香港）有限公司
香港筲箕灣耀興道 3 號東滙廣場 8 樓
http://www.commercialpress.com.hk
發　　行：香港聯合書刊物流有限公司
香港新界荃灣德士古道 220-248 號荃灣工業中心 16 樓
印　　刷：美雅印刷製本有限公司
九龍觀塘榮業街 6 號海濱工業大廈 4 樓 A 室
版　　次：2022 年 7 月第 1 版第 1 次印刷

ISBN 978 962 07 6697 8
Printed in Hong Kong

一本讀懂
虛擬貨幣

曾獻輝　著

序

在這幾年來，筆者常常被人問到甚麼是虛擬貨幣？甚麼是Bitcoin？甚麼是 blockchain（區塊鏈）？誰是中本聰？這些問題真的不容易解答，它們牽涉到互聯網世界裏的交易媒介，甚至整個 IT 世界的生態。

有很多人覺得虛擬貨幣是一個騙局，將其與 1637 年的荷蘭鬱金香狂熱相提並論——今天 Bitcoin（比特幣）價格飆升，吸引大批民眾瘋狂搶購，不禁令人擔心將會和當年的鬱金香一樣，當熱潮過後，泡沫爆破，最後價格便會跌至不夠高峯時的1%，導致大量債務違約，很多人破產，並使整個城市進入混亂狀態。亦有很多人覺得虛擬貨幣和當年的鬱金香是完全不同的概念，因為現在互聯網世界很需要虛擬貨幣作為交易媒介，且它有獨特的內在價值，並有以下好處：用虛擬貨幣交易是免稅的，亦可以逃避某些國家的外匯管制，最重要的是，虛擬貨幣交易可以大大地減少交易成本。虛擬貨幣有其實際的用途，並且有市有價，不是盲目的炒作。

大眾對虛擬貨幣（或者叫加密貨幣）的熱衷是有跡可尋的。

大半年前比特幣的幣值跌到差不多只剩下 2 萬美元的時候，很多人都對虛擬貨幣失去信心，把他們手上的挖礦機，便宜地賣出，彷彿感到整個虛擬貨幣世界已經完結，一去不返。但是，當比特幣的價錢由 2 萬多美元一路升到 4 萬多，甚至超過 5 萬美元，熱潮捲土重來。更有一些企業，比如 Tesla、 Amazon 等國際企業都想認可比特幣為交易貨幣。也有南美國家把比特幣定為法定貨幣，這樣不但令「虛擬」貨幣不再虛擬，更鼓勵大眾追捧及吸引國家將之列為儲備。儘管如此，今年以來，比特幣交易價格大跌，已經逼近 2 萬美元。以太幣跌幅更大，已經到了 1,000 美元左右，再一次考驗投資者的信心。

有許多人追捧虛擬貨幣，用它對抗通脹、投資賺錢；亦有人厭惡「挖礦」不環保，增加碳排放。還有很多國家不歡迎虛擬貨幣衝擊其金融系統。總之，好壞參半，見仁見智。

無論虛擬貨幣是一個騙局或者只是一股熱潮，筆者都相信，各位讀者——不論你是電腦專家還是平民百姓，不論你是否參與這個遊戲，作為現代都市人，都應充分了解虛擬貨幣的歷史、技術、用途和投資價值。

虛擬貨幣的這股熱潮，讓筆者聯想起上個世紀末「千年蟲」事件，所謂「千年蟲」（millennium bug）是指 20 世紀時所創造的大多數電腦軟件，其生產的年份值都是 19XX 年，電腦軟件製造者為了方便，就把年份值的頭兩個數字固定為 19，沒有考慮到 2000 年後的年份值將會為 2XXX 。所以整個 IT 界都擔心，當到 2000 年的時候全球電腦軟件會無法運作，整個互聯網世界都會癱瘓。所以在 20 世紀末，全球所有 IT 公司、私人機構乃至政府都投放大量資源預防這個「千年蟲」可能出現的問題。由於這個問題非常嚴重，所以當時的電視新聞、報紙及電子媒體無日無之地報道這個「千年蟲」的問題及預防工作。當時很多民眾對電腦及整個 IT 行業發展一知半解，甚至出現街頭售賣杜「千年蟲」藥的怪誕故事。

事實上，在這個日新月異的 IT 世界中，有很多新奇的概念、古怪的名稱，普羅大眾是無法輕易領會的。這便是這本書的面世原因 —— 把虛擬貨幣這個概念用比較清晰、簡單、非技術性的話語介紹給普羅大眾，讓大家明白箇中道理，便不會被人欺騙或盲目投資。

現今互聯網上有很多關於虛擬貨幣的介紹，大都過於集中在投機知識方面，如教人炒賣哪款貨幣、分析買賣時機等等。又或者，對加密貨幣的解釋過分複雜或者過分簡單，令一般市民難以理解，無法獲得真正知識。更甚者，有很多網上 Youtuber 鼓吹投資虛擬貨幣，卻沒有說明清楚背後的風險，這些現象非常危險，隨時害人傾家蕩產。

19 世紀 50 年代，美國的加利福尼亞州有過一股尋金熱（Gold Rush），大量移民湧入加州，追尋傳說中的遍地黃金夢，希望一朝「發達」。但最後只有極少數人能掘到黃金，其餘絕大多數的人都是過着勞苦與貧困的生活。在這場尋金熱中，真能發家致富的人，反而是提供掘金用品及生活必需品的商家——真正的贏家是「賣鏟的人」。同樣道理，在這個 21 世紀的虛擬貨幣熱潮中，我們也要探索怎樣做「賣鏟子的人」，賺到我們的第一桶金——最低限度，不要做一個會買藥杜「千年蟲」的人。

近年來，有很多關於虛擬貨幣的研究，但因學術性比較高，技術性太強，並且偏向區塊鏈的應用，普羅市民閱讀這些論文式的書籍會很難理解，容易感到沉悶，且實用性較低。

總括來說，坊間的書籍、互聯網上 Youtube 等電子平台乃至學術研究著述都各有不足，難以幫助全面認識虛擬貨幣的優點及缺點。所以，筆者便萌生一個念頭，想寫一本深入淺出、筆觸淺白，而讓讀者容易明瞭整個虛擬貨幣面貌的書籍，對它的由來、背後的技術、如何挖礦、發展方向、投資平台和投資風險，以及未來趨勢作一個比較全面的探討。最後，亦提醒各位一句：投資始終有風險，大家要量力而為。

目錄

第一章

甚麼是虛擬貨幣？

虛擬貨幣是 21 世紀的一個劃時代發明，光是這個概念已足具爆炸性，當第一「枚」Bitcoin（下稱比特幣，慣用的符號是 BTC）面世時便飽受輿論攻擊，至 2017 年後幣值飆升又再引發爭議。這兩年間，比特幣價格大起大跌，不少人擔心泡沫隨時爆破，令追捧者損失慘重。這個充滿傳奇的比特幣及其帶領的虛擬貨幣產業會否是未來世界的交易貨幣，成為革命性的金融工具？

就讓我們一起來揭開這面神祕面紗。

1.1 虛擬貨幣由來及背後的理念

單單從它的名稱，你可能已經感到十分混亂，有人稱它為虛擬貨幣或數字貨幣，亦有人稱之為加密貨幣，甚至有人直接叫它比特幣。在網上，你可以找到很多很多類似的名稱，莫衷一是，亦沒有一個權威機構把它準確定義，這種超脫時代的概念正是虛擬貨幣的吸引之處，當然亦可能有其壞處。當你看完這本書的時候，就會對它的名字有你自己的解釋，但所有的名稱都是從 cryptocurrency 這個字聯想出來。Cryptocurrency 就是把 Cryptography 加 Currency 製造出來的一個新生字。Cryptography 意思就是密碼學，亦即是把一連串的電腦數字加密，令未授權的人不可閱讀或者不可修改，而 Currency 就是我們常用的貨幣。因此，所謂虛擬貨幣其實就是一串被電腦加密的數字，用來代表一種貨幣，因為這些數字經過加密，所以不能被人擅自更改，從而確保它的獨特性。這組數字身份是獨一無二的，存在於整個互聯網虛擬空間上，亦可以被我們用作交易或儲蓄用途，跟現實世界中的貨幣具備同樣的功能。

在本書中，我們就以「虛擬貨幣」來概括整個新技術吧。筆者會在以後的章節解釋為甚麼「虛擬貨幣」這個名稱比其他的名稱更為恰當。

要講虛擬貨幣就不得不談比特幣的由來。

一切源於 2008 年 10 月 31 日，一篇由 Satoshi Nakamoto（漢字就是「中本聰」）寫的論文開始，這篇文章只有九頁紙，以簡單的英文扼要地介紹出整個比特幣的概念。

這篇文章很清晰地講述整個比特幣的技術背景、怎樣用 blockchain（下稱區塊鏈）進行買賣交易、怎樣用 PoW（Proof of Work）「挖掘」比特幣，以確保多勞多得及認證每個交易的合法性、怎樣保護私隱、如何計算誤差等，全都清清楚楚寫出來，只要跟着這篇論文指示就可以製造出比特幣。筆者鼓勵各位讀者先去閱讀一下這篇論文，儘管未必能完全明白箇中內容，尤其是涉及技術性的描述，但都應該花 10 分鐘時間看一看整篇論文，以掌握虛擬貨幣的基礎概念（比特幣的網頁中便能下載中本聰的原文：https://Bitcoin.org/Bitcoin.pdf）。

為甚麼比特幣乃至整個虛擬貨幣產業都帶着一點神秘感？或者可以從這篇文章的原著作者說起。

2008 年的文章署名是 Satoshi Nakamoto，沒有中文名字，現在常用的「中本聰」都是網絡上的翻譯。在 2009 年 1 月 3 日，中本聰成功開發了第一個比特幣算法的客戶端，正式開始挖礦時代，並且成功掘取第一批共 50 個比特幣。就這樣，比特幣及虛擬貨幣正式誕生。但是在 2015 年 12 月 5 日，有擁護「維基解密」的人呼籲以比特幣捐助該機構，不過中本聰反對介入這個政治問題，隨後在 12 月 12 日，他更新軟件後，便把電郵地址取消，從此銷聲匿跡。

誰是中本聰呢？雖然這個名字很像日本人的姓名，但筆者個人對中本聰是日本人的猜測抱有懷疑，甚至連「他」是不是人，都是一個問題。因為文章闡述的概念非常完整又比較詳盡，所以筆者有種感覺，這篇文章可能不是只出自一個人的手筆，而是由一個機構，一組技術人員共同撰寫而成的。在網上，可以找到很多關於猜測誰是中本聰的資料：有人認為他常用流利的英語，而從不用日語在網上留言，所以他很可能是居住在美國的英國人；而他常常全天候在不同時區留言，因此中本聰的身份亦可能是一羣人在背後操縱。

又有人對中本聰的身份作以下推測：中本聰可能是日本的工程學教授 Dorian Nakamoto，因為他的工作性質及名字比較相似，但 Dorian Nakamoto 本人已經否認他是中本聰；中本聰也可能是一位住在夏威夷的美國人，因「他」有一個日裔鄰居名字就是 Satoshi Nakamoto；亦有人懷疑「他」是 Wii 遊戲機的前任老闆，更有人懷疑是 FBI、CIA、蘇聯的特務機構成員，或者中國駭客……總而言之，中本聰很可能是一個虛構的身份，其真面目是一個未知的秘密、都市傳說，更可能永遠沒有答案。

對此，筆者有兩個比較有趣的「嫌疑人」：第一個是 Hal Finney，他是第一個成功挖礦的人，表示着他真的有這個能力製造一種虛擬貨幣。第二個「嫌疑人」是四間公司：Samsung，Toshiba，Nakamichi 和 Motorola，用這四間公司的名字正可拼出中本聰 Satoshi Nakamoto —— 意思就是整個比特幣是由這四家公司聯手創造出來的。當然，筆者覺得這是個無稽之談，但不得不對這個懷疑製造者的創意表示欣賞。

讀者有興趣研究誰是中本聰的話可以參考連結：https://en.wikipedia.org/wiki/Satoshi_Nakamoto，有關資料可能比這本書更厚。如果筆者是中本聰的話，定會把這個秘密永久隱藏起來，留下一個美麗的傳說。可能你會有興趣知道中本聰擁有多少比特幣呢？根據存在區塊鏈的資料顯示，中本聰擁有大約100 萬枚比特幣，這是一個天文數字，相信「他」應該相當富有了。

1.2 虛擬貨幣的「瘋」潮

比特幣或者所有的虛擬貨幣都有以下幾個特點：

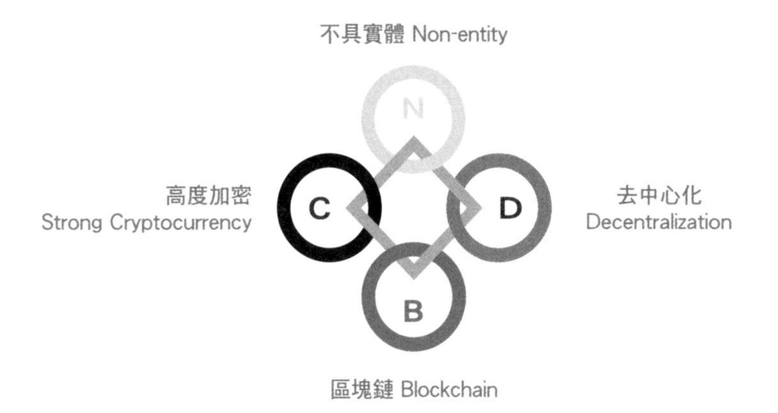

一、Non-entity（不具實體）

虛擬貨幣，包括比特幣、以太幣及幾千種的不同名稱的虛擬貨幣，其擁有者是匿名的，每個比特幣都是由一組數字來代表，沒有實體，沒有形象，不像我們日常用的紙幣。而它的擁有者亦是以一串數字來代表其身份，所以嚴格來說，虛擬貨幣的整個交易過程都沒有任何「實體」的參與。並且為了避免被人擅自改動數據，以上所提及的數字組都設置了非常複雜的加密保護。由於沒有第三方的監管，如果貨幣擁有者忘記了密碼，就沒有辦法證明其身份，這意味着他所擁有的虛擬貨幣不能再被操作。換句話來說，他的虛擬貨幣就如太空垃圾一樣在地球上永遠消失，沒法再被提取。

二、Strong Cryptography（強力加密）

虛擬貨幣具有非常強的加密保護，原因是比特幣及所有的虛擬貨幣都是切切實實的交易貨幣，如同我們錢包內的紙幣以及銀行裏的儲蓄，所以為了避免被人偷取盜用，加密保護是不可缺少的。所謂加密，就是用一種特定的數學方式把一串數碼加以隱藏，當未被認證的人打開這組密碼時，他只看到長長的一串亂碼，完全沒有意義。而授權人士則會獲得一條數碼「鎖匙」，開取加密檔案從而獲得這組原始數碼。所以這就是為甚麼虛擬貨幣又被稱為「加密貨幣」。在整個虛擬貨幣系統內，差不多每個重要的數碼都會被加密：數碼貨幣本身當然會被加密，擁有者的身份亦會被加密，而每一次交易的資料也會被加密。可見，虛擬貨幣的創建者早已考慮到保安的重要性，而虛擬貨幣交易實際上亦是相當安全的，就等同於你在網上銀行進行交易時，銀行軟件都會在每個有可能被盜用賬戶的環節，要求核實身份才能進行下一步，以確保交易的安全性。

三、Decentralization（去中心化）

這一點是整個虛擬貨幣概念的靈魂。所謂去中心化是相對於傳統的「中心化」（centralization）的特點，在傳統的電腦系統中，有一名有着至高的權力的管理員控制整個系統的運作，如果系統出現任何問題，他都有權關閉整個硬件伺服器或者軟件作修理及更正。由於系統裏有這個至高無上權力的「獨裁者」，若果他心懷不軌，存有私心的話，所有的系統用戶都會受他蒙蔽或欺騙，十分危險。因此便出現了「去中心化」的概念。在早年電腦系統剛剛問世的時候，由於軟件和硬件都未能配合，所以這種去中心化的想法還未出現。但隨着近年互聯網的快速發展，硬件及軟件已十分成熟，配合自由化網絡的大趨勢，去中心化的概念便得以在舞台上大放異彩。去中心化的宗旨是沒有至高無上的中央管理員，每個網絡上的用戶都是平等，擁有相同的權限。若網絡上有人想更改資料，就必須得到大多數的用戶同意。所以去中心化意味着平權，所有擁有者的資料都不能被擅自更改。

把這個去中心化的概念應用在貨幣系統上，便即是虛擬貨幣的核心思想。傳統的貨幣會由中央銀行（和整個銀行體系）發行及監管整個貨幣的流通，亦由政府執法防止偽鈔或盜竊。但是由於有政府的操縱及銀行體系的監管，所以任何貨幣都會受政府的政策影響，例如貨幣供應、匯兌價值、通貨膨脹、財政政策等等……並且，整個系統的交易費用非常高昂。

四、Blockchain（區塊鏈）

區塊鏈是一種設計在網絡上點對點（peer-to-peer）分散儲存賬簿的技術，以此確認比特幣或其他虛擬貨幣買賣是否成功過戶，而這個功能正是虛擬貨幣的重要組成部分。不同的虛擬貨幣有不同的加密方式，亦有不同的區塊鏈設計，但基本上它們的功用都是大同小異。簡單來說，區塊鏈是一種新發展出來的獨特數據庫，和傳統的數據庫不同的地方是，它儲存數據的方式是以一個個區塊（Block）來儲藏資料，並且把所有的區塊連在一起（chain together），因此便稱作區塊鏈（blockchain）。當有新的數據加入時，就會被放進一個新的區塊中，同時與原來的區塊按時間順序連接在一起，這樣的方式就能確保任何一個區塊的資料都很難被篡改，這是非常聰明的做法。以比特幣為例，其區塊鏈所記載的是交易記錄的賬簿，且所有對區塊鏈的操作都已被設定為不可逆轉。換言之，比特幣的所有交易記錄是被永久保留及可公開查詢的。

在我們深入了解區塊鏈和去中心化這兩個概念之前，我們先要了解現在政府發鈔的情況，在傳統銀行體系的中心化模式下：

政府授權銀行或者中央銀行發行鈔票，鈔票的幣值是由政府保證。這些便是我們日常用的法幣，作為日常交易用途，如供商業機構貿易，而銀行則是擔當交易中介者的角色。由於銀行是受政府委託的唯一中介者，所以會收取高昂的手續費用作為交易記錄管理費。我們作為普通消費者是沒有辦法擺脫這個銀行體系的，亦必須支付這筆高昂的手續費。

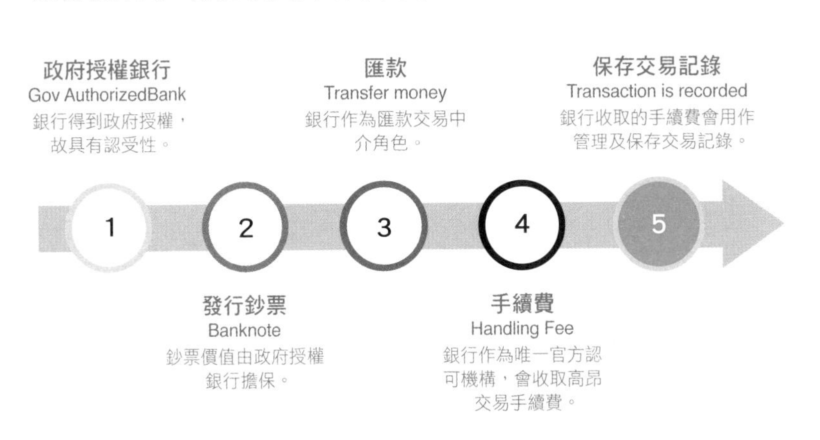

政府因應當時的環境改變金融政策、貿易政策，如改變貨幣供應量、銀行拆息等，從而操縱經濟及金融發展，並改變社會上大眾的經濟預期、消費預期、通脹預期，進而影響物價及投資取向。但這種改變對於我們這些一般的消費者未必是一件好事，一個很好的例子就是：這兩年間的新冠疫情，多國政府都是採取量化寬鬆的政策刺激經濟，這樣就意味着在不久的將來，這些國家必然要承受通貨膨脹和資產泡沫化的後果。當然比較富有的人士可以購入物業、投資股票來保值，但對於大多數的普羅大眾來說，面對通貨膨脹和經濟下行，是沒有甚麼辦法對抗，只能坐以待斃。

社會上每人各自進行記賬，代替銀行的記賬功能。

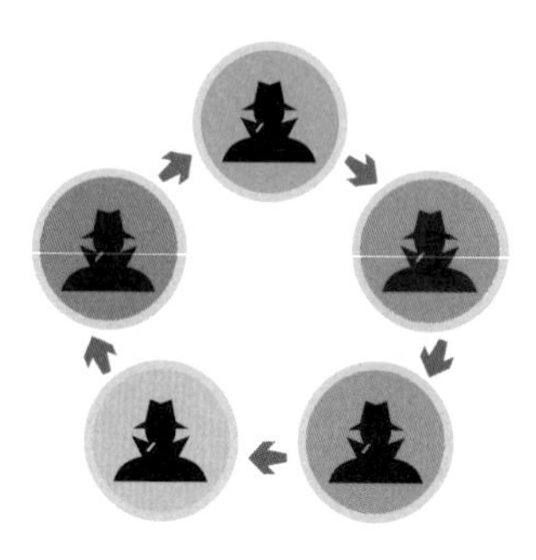

每次交易前賬目都會被清楚查核，以防止詐騙。

去中心化 Decentralization

銀行不再負責記賬，便不必再繳付高昂手續費，更可保障交易私隱。

去中心化的過程中，每個參與者都有機會管理及建立新的賬目，而每筆賬目在交易前都會被認證，所以盜取或者擅自修改賬簿的記錄是不可能的。如此，就可以避免中介人收取的高昂費用及防止政府的干預政策，並且所有賬目都是匿名，私隱保障極高。

虛擬貨幣是人類有史以來唯一一種不會受任何政府政策直接干擾的貨幣，所以它的幣值也不受各國政府的控制。隨着近年的疫情傳播，全球大多政府都進行量化寬鬆，從而引發通貨膨脹，變相使法幣貶值。所以有很多人購買比特幣及其他的虛擬貨幣保值。這個現象導致虛擬貨幣的需求不斷增加，供求失衡，這便是為甚麼近年來虛擬貨幣的幣值不斷上升的原因。

1.3 虛擬貨幣的優點與缺點

優　點

一、具升值潛力，對抗通脹

由於大多數的虛擬貨幣都有一個供應極限，同時挖掘新貨幣需時甚長且成本不菲，例如比特幣的最高發行量只有 2,100 萬個，估計在 2040 年左右，最後的一個比特幣將會被挖掘出來，之後便不可能再出產新的比特幣。因此，由於市場的不斷追捧，需求增加而供應有限的情況下，虛擬貨幣的幣值長遠來看都會保持一定的上升趨勢。加上近年量化寬鬆的大環境影響，各國貨幣將會面臨嚴重的貶值壓力，虛擬貨幣則無需面對量化寬鬆的問題，從而吸引更多人購買虛擬貨幣作為通脹對沖。故此，在這「兩頭馬車」的動力帶動之下，比特幣和其他主要的虛擬貨幣均有一定的升值潛力。而在我們而言，於現時購買虛擬貨幣來對抗通脹也是很合理的操作。

二、可作為投資「避難所」

去中心化作為製造虛擬貨幣的主要目的，故虛擬貨幣買賣沒有任何組織或者政府控制和管理，其幣值全由市場的供求關係決定，不會被政府的貨幣及財政政策左右，也不容易被操縱，能相對自由地浮動。其實，虛擬貨幣正是經濟學說中夢寐以求的工具，試想想，若果你找到一種股票與恆生指數完全相反，即 100% 與之相違背，當恆生指數上升時該工具股票就會下降，那麼該股票便會成為全球所有投資者的對沖工具。事實上，這隻由社會大眾所創造、不受任何政府政策所干預的「怪獸」真是不可多得的傑作。大多數投資者面對政府干預市場的敵意時，在羊羣心理驅使下，投資市場便會出現排山倒海式的拋售行為，從而引發大幅波動，而且基本上不會有太多的「避險處」。但是現在有了這個「人工綠洲」，當股市、樓市或其他投資工具出現問題時，我們便可以將虛擬貨幣作為避難所，這個更可能正是去中心化的神來之筆。

三、高度加密保障個人私隱

區塊鏈交易記錄賬簿是建基於複雜的數學運算，非常難以破解，從而保障交易記錄及個人私隱。因此可說虛擬貨幣比傳統的電子交易更有保障。試想一下，你在網上購物時，由選購物品，向店員詢問問題，最後下單付款，確認物流運輸等，其中牽涉了多少人手？可見，個人私隱絕對難以保障，更不用說，可能還有很多「國家機器」在背後監視。而用虛擬貨幣交易，每個參與虛擬貨幣買賣的人，不論是參與確認轉賬區塊鏈的「挖礦工」，或者是炒賣貨幣的投資者，其身份都只是一連串被加密的身份驗證碼，這些人不公開自己的身份是沒有人能知道這些驗證碼背後的人是誰，更何況這些驗證碼還被高度加密，難以破解。因此，只要你不告訴別人，便沒有人知道你擁有多少比特幣，也不知道你的獲得來源，是買回來的還是「掘」回來的。所以買賣虛擬貨幣一定要把電子錢包的密碼珍而重之地好好收藏，並且記錄清楚，因為一旦忘記了密碼，哪怕找遍全宇宙也沒有人能幫你了。

四、交易簡單消費方便

隨着電子錢包及交易平台日趨完善，現在我們輕而易舉便可用各國的法幣購買虛擬貨幣，亦可以用極低的交易費轉換成不同的虛擬貨幣，例如我們可以在香港用港幣或美元購買比特幣，之後用比特幣轉換成以太幣，過程中完全沒有其他障礙，並且只需支付極低廉的交易費，有時甚至是免費。在香港及其他大城市中，很容易就能找到找換店將虛擬貨幣轉換為實體貨幣，反之亦然。近數個月來，筆者更發現在旺區可以找到比特幣及各大主要虛擬貨幣的櫃員機作自動提款。而且，亦可以在網上交易平台申請一張連結虛擬貨幣戶口的信用卡作日常購物之用，非常方便。較早前，筆者有個朋友在德國利用他的虛擬貨幣信用卡購買 Tesla —— 他用了三個比特幣買了一部車回家；亦有另一個朋友用這張信用卡到超級市場購買日常用品，過程十分方便快捷。當筆者用這張信用卡消費購物的時候，一點都不覺得它「虛擬」。更何況，筆者只需開動「挖幣機」，它便每天辛勞挖數個虛擬貨幣滿足筆者的日常消費，這種飄飄然的感覺，非筆墨可以形容。

五、減省匯款中介成本及手續

利用虛擬貨幣匯款能為我們節省不少交易費，甚至免除手續費。而傳統的跨國匯款，由於有如銀行、 Paypal 或 Visa 等第三中介者負責確認匯款人及收款人的資料，往往便需支付高昂的中介費用。而且，因有很多國家實行外匯管制，一般匯款需要得到政府批准才可匯出或匯入，而使用虛擬貨幣不但能減省手續費，更能避免這些麻煩的手續。

而且，虛擬貨幣平台能 24 小時全天候運作，不像一般銀行，只在辦公時間內處理匯款，還要乘交通工具到銀行門口排隊，而當填寫好匯款申請書並核對無誤後，收款人最少也要等兩、三天才可以在當地銀行確認收到匯款。相反，用虛擬貨幣就簡單多了，只需要在任何時間打開手機的電子錢包或交易平台 app，按一個確認鍵，把虛擬貨幣轉到收款人的賬號，這筆款項便能立即轉到收款人手上。

六、可全天候進行交易

正如上述，虛擬貨幣平台支持全天候網上運作，而它的軟件平台亦不斷發展至最佳狀態，所以虛擬貨幣的交易時間非常有效率。而且，每次的交易認證都十分便捷，只需極短時間便能完成。用以上的虛擬貨幣匯款為例，已經很清楚地說明電子錢包及交易平台的便利程度，更何況所有的操作只要一部手機就能完成 —— 一切盡在你指尖控制下。說到這裏，又不得不再提，其實不但交易能全天候運作，利用挖礦機賺取虛擬貨幣，亦不受時間地域所限，同樣只需用指尖控制，從賺錢到花錢都能全天候無間斷進行。

缺　點

一、隱藏交易雙方身份，助長違法行為

有時它的好處亦是它的壞處，由於虛擬貨幣交易經過高度加密，不容易被各國政府部門輕易破解，所以利用虛擬貨幣作犯罪用途亦十分難以追查，不易搜集證據，讓不法之徒有機可

乘。例如利用虛擬貨幣去中心化及高度保障私隱的特點，以隱藏身份作「洗黑錢」和跨境非法匯款，即將犯罪所得的財產轉換為虛擬貨幣，以此「漂白」成合法貨幣。現時已經發現了有黑幫組織利用虛擬貨幣的隱藏身份的便利，把販毒的利益轉到其他國家進行「洗黑錢」活動。更嚴重的是，有黑客組織製造電腦病毒攻擊大型商業機構，勒索贖金，其後黑客為了逃避警方的追查，要求用比特幣作贖金，存到他們指定的戶口，使贖金去向難以追查。其實不單止黑幫組織及黑客團體，亦有一般市民利用虛擬貨幣購物來避稅或利用它來繞過外匯管制，進行非法跨國匯款。筆者又聽說過有些僱主發放虛擬貨幣作為工資來逃稅。正所謂道高一尺魔高一丈，不同程度地非法使用虛擬貨幣的行為可謂防不勝防，各國政府現時亦想盡辦法堵截各種漏洞。

近年來，亦有近來越來越多的職業詐騙罪犯利用虛擬貨幣招搖撞騙，原因無他，就是乘比特幣的幣值「衝上雲霄」，便利用大眾對虛擬貨幣的無知和一朝發達的心理，誘騙他們購買昂貴的「挖礦」手機或電腦，又或者騙他們投資假的「比特幣」，總之騙徒招式千變萬化。筆者更曾聽聞，曾有人在網上售賣比特幣，但當見面交收的時候，就被他人強搶現金和比特幣。這些層出不同的騙局，歸根究底還是利用人們對虛擬貨幣的誤解及貪念。因此筆者只有一個忠告，就是便宜莫貪。

二、耗費大量電力資源

虛擬貨幣還有一個常常惹人非議的壞處，就是開採需要高速的電腦運算能力，這意味着要耗費異常龐大的電力作運算及冷卻之用。現時隨便在網上便能找到很多關於比特幣浪費電力的新聞，有些資料更顯示用以挖掘虛擬貨幣的電力，已是一個小型國家整年的耗電量。這樣固然對碳排放有着直接的不良影響，加劇地球暖化，尤其對於很多依賴煤炭發電為主的發展中國家更有着不可逆轉的環境污染。雖然近日已有很多新開發的虛擬貨幣不再利用 PoW（Proof of Work）這種不利能源效益的方式來分配虛擬貨幣，但是「掘幣」始終都會或多或少地浪費能源，而其實這些操作，本質上是可以避免的。

三、仍無法避免幣值被操縱

雖然虛擬貨幣往往被人聯想到是一個完美實現去中心化的交易工具，使它的幣值不易被控制。可是種種跡象顯示，有些虛擬貨幣很有可能被其創造者和機構操縱，將其幣值「舞高弄低」，令投資者蒙受損失。現在已有超過 4,000 種不同的虛擬貨幣在市場上買賣，而它們的幣值亦不斷升高，這便更容易引誘一些心懷不軌的人利用虛擬貨幣進行詐騙，所以我們投資時千萬要有危機意識，做足預防措施慎防欺詐。其實要操縱虛擬貨幣的幣值，不一定只是透過入侵其網絡系統，還可以用很多方法引導大眾盲目追捧，待「炒高」其幣值後操縱者就大量拋售，「套現」離場，如此做法，跟在股票市場上，操縱股市價格並無兩樣。因此，進行任何投資要必須做足功課，保持頭腦清醒，不要輕易被誤導，這才是投資正道。

四、缺乏中介保障

去中心化固然能保護交易者的私隱，但它另一面的隱憂就是沒有任何管理人員提供保障。試想想，一個城市沒有警察就不會有人保護你的財產，同理，由於沒有中介人充當保障交易的角色，在進行虛擬貨幣的交易中無論雙方是無心之失或者是被人蒙騙，所導致的任何損失都無法逆轉，亦無法請求管理人員介入。在虛擬貨幣的世界，只能自己照顧自己，沒有第三者可以幫忙，要是有任何損失也只得忘記它。因此，你每做一宗交易都要打醒十二分的精神，肯定每一步都正確無誤，才按「確認鍵」，並時刻切記交易不可逆轉，損失無從追討。

五、遺失密碼後便無法尋回虛擬貨幣

筆者有朋友早年挖掘到的比特幣全都被封鎖不能再用，原因就是他忘記了當年設定電子錢包的密碼。由於虛擬貨幣的創建者設計了一個無懈可擊的電腦程序，令虛擬貨幣不能被追蹤，不會被黑客竄改，更不會輕易被未授權人士開啟。保安絕對安全的代價是，若果你忘記了設定的密碼，就無法找第三方或管理員重設密碼。這樣就等於你的電子錢包及虛擬貨幣永遠消失在網絡世界，「永不超生」。直至 2021 年，已經有超過 400 萬枚比特幣證實已被遺失，以 5 萬美元一個比特幣計算，這些被遺失的比特幣已值 2,000 億美元，絕非一個小數目。面對金錢誘惑，很自然吸引了一大批腦洞大開的專家打這些比特幣的主意，有人想到用逆向工程（reverse engineering）還原這些消失了的密碼，亦有人嘗試催眠這批當事人希望從他們大腦的深處獲取消失的密碼，更有人以其人之道還治其人之身，以黑客破解密碼的技術來嘗試破解自己的電子錢包密碼，更有人期望利用量子電腦的疊加態（superposition）破解密碼，讓他們發一筆「小橫財」，而筆者聽過最積極的做法，是將這個重獲密碼的使命作為公司的商業目標，並上市集資。總之無奇不有，商機無限。

六、繁瑣的交易細節

各種買賣虛擬貨幣的平台，大多都很有效率，交易也相當公平。但是每個交易平台都有其「遊戲」規則，如有些平台不可以隨便將虛擬貨幣轉換成實體法幣，而是需要先轉換成其他的「中介」貨幣，使每次買賣都會增加交易成本；亦有少數不太流通的虛擬貨幣不可以直接兌換成法幣，要先轉換成主流的比特幣或以太幣後，再用這些主流的虛擬貨幣轉換成法幣，當然交易成本亦因此提高，因此買賣之前亦要留意清楚。

七、這個世界沒有不能破解的密碼

大家可能對虛擬貨幣的加密水平非常有信心，認為虛擬貨幣絕對不會被人破解及盜取。這句說話可圈可點，畢竟往往「魔鬼就在細節中」。首先，虛擬貨幣既然亦被稱為加密貨幣，當然不是浪得虛名。它的加密能力確是不同凡響，但在網絡世界，亦存在着很多高手之中的高手，沒有絕對不會被解破的密碼。就如二次世界大戰時德國的加密機器「恩尼格瑪」(Enigma)最終都被英國人圖靈(Alan Turing)破解。而箇中原因，其實只需要簡單聯想一下就會明白：任何密碼都是獨立存在着，而不能再更改的，但解碼的人是每分每秒都在想辦法將它破解，而隨年月推移，總有一天能破解密碼。退一萬步來說，就算虛擬貨幣本身不能被破解，但是這些暴露在網絡世界上的交易平台及電子錢包卻不然，它們本質上是要開放給所有用家做交易，所以其防衛工作就很難做到滴水不漏 —— 事實上，黑客們往往就是利用交易平台的漏洞，盜取數以百萬計的虛擬貨幣，甚至勒索交易所。如 Bitfinex 在過去幾年間都有被黑客攻擊的記錄，損失數以十萬計的美元。因此交易虛擬貨幣的時候就要特別小心，好好保護自己的「貴重財物」。

1.4 虛擬貨幣與區塊鏈

區塊鏈，顧名思義就是把一連串的經過加密的賬簿連在一起。它將比特幣的擁有人及交易記錄，以點對點（peer-to-peer）的方式記錄於整個網絡世界中。由於整個虛擬貨幣都是去中心化的，意思就是沒有任何機構監管，所以區塊鏈就是整個加密貨幣最重要，也是唯一的保障。

至於所謂「挖礦」就是製造一個新的區塊，在往後每一次交易中，新的資料就會放進新的區塊上，按時間順序依次與之前的區塊鏈連在一起。所以區塊鏈的資料是不可逆轉的。以比特幣為例，所有的區塊鏈資料都是開放給每一位用戶查詢，以公開形式監管。

這個技術的核心強力的加密就是靈魂之中的靈魂。沒有強力的加密整個公開的區塊鏈資料就很容易被人竄改，交易便無法進行。

筆者相信以上的簡單描述已經對一般只想粗略認識虛擬貨幣或者單單想參與投資加密貨幣的普羅讀者已是足夠。筆者會在以下的篇幅比較詳細地把區塊鏈的工作原理進行介紹。若果讀者現在不想太過深入了解區塊鏈，可以先跳到下一章去研究如何挖礦，之後有興趣就回到這裏繼續探索區塊鏈。其實區塊鏈的應用不單是用來製造虛擬貨幣，它是一種去中心化的工具，有很多不同的應用空間等待我們去發掘。這種技術可以用來記存資產的擁有者、健康記錄、銀行戶口資料等等。其實現時我們用的數據及資料都可以在某個程度上利用區塊鏈技術實現去中心化，所以可預見未來區塊鏈應用方式將會更廣泛。

區塊鏈和挖礦的工作原理

正如前述，區塊鏈就是去中心化的電子記賬本，而且不是由銀行、政府或者其他權力機構進行記賬。譬如：A 付了 10 個比特幣給 B，C 又付了 20 個比特幣給 D，如此類推。這些交易便需要有一本記賬簿把它記錄，而通過這本去中心化的賬簿，每一次的交易記錄便會廣播給其他所有參與者，就像 A、B 的交易資料會廣播給 C、D 乃至其他的區塊鏈參與者。同理，C 和 D 的交易記錄亦要廣播給其他人，而下一步就是把大約 4,000 條左右的交易記錄打包成一個區塊，並加密起來（如比特幣使用 SHA256d 加密演算法），並與之前已有的一連串區塊鏈相連。

問題是誰來負責打包呢？意思即是誰來決定怎樣安排這 4,000 條交易記錄放進哪個區塊內？又為甚麼我們要浪費寶貴的電腦資源為其他人製作這個區塊？它能為我們帶來甚麼好處呢？

因此，為了鼓勵大眾參與並補償他們花費的電腦資源，中本聰在 2008 年時已設計了一個獎勵計劃，能最快解決一條數學難題的參與者，就能參與這個建立區塊的工作，並且獲得獎勵。當時的設計是每 10 分鐘就打包一個區塊鏈和獎勵 50 個比特幣。譬如一個比特幣價值 4 萬美元的話，那麼 50 個比特幣就差不多是 200 萬美元。有了這個獎勵計劃，就不難找到人做這些打包的工作，而這個行為就是我們所謂的「挖礦」。由此不難理解為甚麼那麼多人都去參與這個「遊戲」。

那麼這條數學難題又有多難呢？其實這條難題的答案是不能單靠人腦快速計算出來的，一定要利用電腦的 CPU 來計算，並要比誰更快找出答案。簡單來說，就是利用雜湊函數（Hash function）把目前的區塊鏈資料、當時時間和 4,000 多條比特幣交易記錄，再加上一個隨機變數等等，算出一個 256 位元的二進制數碼。而第一個計算出雜湊函數值有多少個 0 的人，便能贏取這次打包區塊鏈的機會，亦同時得到比特幣獎勵 —— 這就代表他挖礦成功。

由於雜湊函數有着不可逆算的特性，所以挖礦者只可以更改他自己的隨機數來重新計算雜湊函數值。因為雜湊函數值只得 256 個數位，而其二進位是以一堆前導 0 開始的，所以前導 0 的數目越多，挖礦的難度就越大，意思就是挖礦機的算力要加大才有機會成功挖到礦，得到獎賞。其實設置 0 的個數就是用來調節挖礦的難度，目的是控制成功挖礦的速度為每 24 小時成功創造 144 個區塊。

從以上的解釋，讀者可能已很清楚了解為甚麼那麼多人購買最先進的顯示卡（graphic card）來挖掘比特幣，因為只要有更有效率的挖礦機同時挖掘，挖到比特幣的機率就會大大提高，得到的獎賞亦會成正比例地增加。由於高幣值的吸引力，現在全球已有不計其數的挖礦機全天候地挖礦，所以如果你現在只有一部家用的小電腦，基本上掘到礦的機會是微乎其微，更不可能和大集團的挖礦團隊競爭，分享成功挖礦的獎賞。

若果讀者有興趣了解更多有關區塊鏈的理論及應用，可以瀏覽以下這個網站作進一步了解：

https://www.investopedia.com/terms/b/blockchain.asp#:~:text=Blockchain%20is%20a%20specific%20type%20of%20database.%20It,in%20it%20is%20entered%20into%20a%20fresh%20block.

而想深入了解更多技術性問題，以下這個 IBM 的網站可以幫你踏進這扇大門：

https://www.ibm.com/blockchain。

1.5 加密和授權技術、共識機制與智慧合約

加密和授權技術

所謂加密就是把一些重要的資料隱藏起來不被他人洞悉，但是又要被特定的讀者讀取。因此，與其稱這個技術為一門科學，稱之為一門藝術更為貼切，這是因為它一方面要把重要資料隱藏起來，另一方面又要千方百計設法解讀這些機密，所以這是一個沒完沒了的「攻防戰」。自古以來，中外都有這些加密和解密的故事，近代最有名的應該就是英國的艾倫・圖靈（Alan Turing）在二次世界大戰期間，利用他發明的電動解碼器秘密地解讀納粹德國的密碼機「恩尼格瑪」（Enigma），從而獲取大量德軍的作戰資料，英國便能利用這些資料來做出一連串的反制戰略，最後提早結束整個大戰。筆者推薦有興趣的讀者看看一部叫《模仿遊戲》（*Imitation Game*）的電影，這部電影生動有趣地介紹圖靈的個性，以及他如何在大戰期間製造這部解密機和怎樣解讀德軍的資料。他是一個同性戀者，亦被譽為是現代電腦及人工智能之父。但當時的英國政府對他百般迫害令他最後自

殺身亡。由於他對整個英國甚至整個世界的卓越貢獻，在 2009 年時，英國政府向他道歉，還他一個公道。不得不說，圖靈的一生充滿傳奇。

至於密碼學（Cryptograpghy），就是專門研究這方面的學問，現代的密碼學是將文字訊息利用加密算法把它變成密碼，令沒有解碼方法的人不易讀取，但是加密方法不能保證資料被人截取，只能確保盜竊者不能讀取或者理解傳送的資料。只要能夠確保授權人可以輕易讀取訊息，而其他沒有授權的人要用相當複雜的技術和運算能力，才能破解密碼讀取資訊，這樣就已經足夠了。一般來說在近代的密碼學，要求密碼至少需要資料盜竊者用上超級電腦及上百年甚至萬年拆解密碼還原資料的工程，才稱之為成功。

比特幣是用 SHA256 來加密，所謂 SHA256 就是「安全散列算法」（Secure Hash Algorithm 256），它由美國國家安全局研發，是相當有保證的加密算法。簡單來說，SHA256 把一個任意長度的訊息，經過一個特殊的數學程序處理成為一個 256 位元的雜湊值，稱之為資料摘要（summary）。這個摘要就是等於一個 32 位的字節，而一個字就是 8 個位，所以 8 x 32 就等於 256 。例子如 blockchain（區塊鏈）這個字經過雜湊函數 SHA256 的處理後，其雜湊值就是：

3a6fed5fc11392b3ee9f81caf017b48640d7458766a8eb0382899a605b41f2b9 。

密碼學其實是一門博大精深的學問，不可能在這本小書詳細闡述，有興趣的讀者可以在網上及書店裏找到很多專門的資料。而且，這門學問會隨着不同的技術改良而一路演進，例如發明新的加密算法和超高速電腦處理器，並一路演進下去，永無休止。

在日常生活上，用簽名或者手指模認證身份已是十分普遍，但在電子傳輸方面這種手法就不太適用了，取而代之的便是創造出一個「電子簽名」應付整個數碼網絡的身份認證。比如，你在挖礦的時候得到一些比特幣的獎賞時，那你就要把這些重要資產放進你的加密電子錢包內，那麼你身份的認證就非常重要，你的身份是匿名的，而你的電子簽名也是獨一無二的，所以你的密碼就是用來開啟這個電子錢包的唯一方法，不能忘記，因為一旦忘記了密碼就意味着所擁有的貴重資產將永遠消失，不能再擁有。

當你註冊電子簽名的時候，系統會製造一個隨機數碼，通過這個隨機數就會生產一個私鑰（private key），這是一組數碼字串；亦產生一個對應的公鑰（public key）和一個地址。私鑰就是你的重要密碼，要好好把它收藏，沒有它，你的比特幣就會消失。但是公鑰和地址就不一樣，它們是公開的。如果你要收他人的錢，你把你的地址給他便可以；若果你要付錢給別人，那麼你就要把公鑰和地址一起送出去。私鑰是可以推算出公鑰的，但公鑰就不能反算出私鑰。兩者的相互作用就是私鑰用來把信息加密，而這些加密的訊息可以利用公鑰來解密讀取。由於加密與解密是用不同的鑰匙，這就稱為「非對稱加密」。

那比特幣是怎樣核實身份？先把交易賬目資料用雜湊值來製造資料摘要，並且用私鑰加密而變成一個密碼。之後，把交易賬目資料、公鑰和密碼一起廣播出去。網絡上的其他節點，就會收取到這三組數據，再把交易賬目資料用雜湊值來製成摘要，然後用公鑰來拆解密碼從而獲得這個交易摘要，並把這兩個摘要來做對比，若果兩個都是一樣的就證明它們是來自同一個創造者。因為只有這個創造者才有他自己的私鑰。相反地若果這兩個摘要不是一樣的就證明這條信息是偽造，因此所有用戶都會拒絕這條信息。這樣就能確保這條信息由這個創造者發出來的，這個機制就是電子簽名。

若果同一個人作出兩個交易賬目，系統會在網絡上的區塊鏈裏計算出這個人的虛擬貨幣餘額是否能夠支付這兩個賬目，並且把它打造成一個新的區塊。意思是同時有幾個礦工來打包區塊鏈的時候，最先被確認的區塊，就會加在區塊鏈上。當新的區塊鏈出現時，其他的礦工就會認定這個新的區塊，並且把自己剛才建立的區塊捨棄。系統會採取最長區塊鏈的核實機制，意思就是若果有兩個礦工同時做出兩個區塊出來，並嘗試加在之前的區塊鏈時，系統會以最長的區塊鏈為準，所以新的區塊會加在最長的區塊鏈上，短的區塊鏈就會被捨棄。

共識機制

由於去中心化是沒有強大的管理員監控每一項交易的可信性，共識機制就是用來解決這個去中心化的信任問題。區塊鏈是一個公開的儲存記錄，整個網絡中的所有人都可以一同參與決定區塊鏈如何產生、怎樣發放獎勵。

簡單來說，所謂共識機制就是通過網絡上的特殊節點的投票，對交易的驗證和確認。對一個交易而言，如果得到若干個獨立的節點達到共識，就可以相信整個網絡都達到共識。這在此前提是每個節點是互不認識並是不可靠的，而且每個節點都不知道其他節點是否背叛的情況下，用盡自己的能力確保資料正確及安全。當節點越分散，信息就越安全。

當然，沒有一個共識機制是完美的，它們各自有自己的優勢。在虛擬貨幣的世界裏，共識算法是用來防止雙重支付。而筆者認為，讀者們更加需要了解這些不同的共識機制所產生的問題和隱患。

目前常用的共識機制（consensus）有以下幾種：

工作量證明（Proof of Work, PoW）

它第一個區塊鏈的公式算法，由中本聰在 2009 年設計並用於比特幣的區塊鏈上。事實證明，PoW 這個共識算法是可行和可靠的，由於它是最早被發明出來的共識算法，所以它被稱為最傳統的共識算法。

由於礦工通過解決「數學難題」來爭取製造區塊的機會，並且以優先採用最長區塊鏈的機制，所以大多數的礦工都是在同一條的區塊鏈上工作。而增長最快、最長的區塊鏈，便最可靠。只要有超過一半的礦工是可靠的，比特幣就是處於安全狀態。

而它最大的缺點就是吞吐量非常慢，每次進行比特幣交易時，都往往要等四、五分鐘。另外一個對比特幣的控訴就是它消耗大量電力來挖礦，因比特幣是最早的虛擬貨幣，並且幣值急速上升，所以吸引大量礦工挖掘，這樣就會消耗龐大的電力，更深一層的理解是 —— 這些寶貴的電力根本沒有為人類帶來甚麼幸福，沒有製造任何實在的物品，就白白的被浪費了。

權益證明（Proof of Stake, PoS）

是指利用持有指定虛擬貨幣的數量來決定挖礦的機率及獎賞。持有足夠貨幣的礦工都有獲取製造新區塊的權利。簡單來說，在同一算力下，擁有越多貨幣數量，就有更大的機會獲取製造新區塊來打包交易記錄，從而獲得虛擬貨幣作為獎賞。

明顯地，它的好處是不需要比拼算力，跟比特幣剛剛相反，不會浪費寶貴的電力資源，減少世人對挖取虛擬貨幣的詬病。對礦工來說，他們也可以大大減少在電力的支出，降低挖礦成本。

但是，它最大的壞處是先要儲存一定數量的指定虛擬貨幣。試想想，礦工們還沒開始挖礦，哪裏會虛擬貨幣儲備呢？所以在挖礦之前，必須要用一定金錢來購買足夠分量的虛擬貨幣，才可以進行挖礦。這樣想來好像有點本末倒置，更甚者，在這個共識機制下誰擁有越多的貨幣數量誰就有更多獎賞，這個便是不折不扣的貧者越貧，富者越富。完全違反了製造虛擬貨幣的初心，虛擬貨幣本是想用來擺脫被人操縱的枷鎖，製造一個比較公平的競技場讓大眾一起挖礦致富。故筆者認為，在互聯網世界不應該鼓勵這些貧者越貧，富者越富的機制。

委託權益證明（Delegated Proof of Stake, DPoS）

它是跟 PoS 差不多的機制，主要分別是：持有指定貨幣的人不會直接投票該區塊的有效性，但他們都有投票權 —— 在區塊鏈上選出一定數量的代表（由 21 至 100 不等）來進行交易認證，代表之間輪流生產區塊來打包交易記錄，獲取獎賞。由於有這樣的獎賞計劃大家都會爭取成為代表。這就是它的精髓。如果這些代表不能有效地確認交易記錄並製作區塊，他的代表資格將會被取消並重新投票代表取代他們。這個機制當算是有效率。

它的好處就和 PoS 一樣，可以很有效率地製造區塊，亦不需要浪費大量電力資源。由於他不需要擁有大量的虛擬貨幣作為直接競爭的籌碼，這樣的共識機制都算是比較溫和。也因為不需要與礦工們直接競爭，只由一小撮可信的代表製造區塊，它的速度比其他所有的共識機制都要快幾個級數。

壞處方面，亦和 PoS 一樣，雖然礦工們不需要擁有大量虛擬貨幣作為直接競爭的籌碼，但是亦要儲備相當分量的虛擬貨幣作為投票代表之用。新瓶舊酒，都要購買相當數量的貨幣作為後盾 —— 一樣是貧者越貧，富者越富的機制。此制度始終都不是由礦工自行投票工作，而是要由投票選出的代表來挖礦。這是一個半民主的機制，不像 PoW 和 PoS ，更甚的是，這個共識機制不是完全的去中心化，充其量只是「半去中心化」。這樣的機制很難會被虛擬貨幣的追隨者認同。

權威證明（Proof of Authority, PoA）

即交易和創造區塊是由認可賬戶實行，和傳統的管理員制度沒有分別。當然它的交易驗證和區塊創造都是最快、最有效率的。但是這樣的機制是徹頭徹尾的中心化，和我們想要的去中心化完全相反。雖然現在亦有不少的虛擬貨幣公司使用這種方法創造虛擬貨幣。但是由於沒有去中心化這個後盾，這樣的貨幣完全失去虛擬貨幣去中心化的靈魂。筆者認為以這樣的方式生產的貨幣已經不可以叫做虛擬貨幣了。

除了以上的共識機制外，近來亦有很多新的機制應運而生，例如容量證明（Proof of Capacity, PoC），誰擁有更多的電腦儲存容量，誰就有更大的機率去認證交易和製造區塊；消耗證明（Proof of Burn, PoB），當每次進行交易認證的時候，礦工先要把一小部分的虛擬貨幣儲存在一個指定的電子錢包，然後把它註銷。類似這樣的共識機制還有很多不同模式，其實最終的目的都是一樣，都是想用來認證交易結果及把製造的區塊連在區塊鏈上，因為在去中心化的系統裏，沒有一個可信的管理員做這方面的核實。對於礦工們來說，共識機制就是分派虛擬貨幣的遊戲規則。不同的共識機制就意味着礦工們要用甚麼方法來獲得他想要的虛擬貨幣獎賞。筆者相信，在不久的將來會有更加多的共識機制建立起來，這些共識機制都是朝着去中心化，減少能源消耗，加快交易效率，確保交易資料正確無誤。而且很可能會出現一個全新的共識機制「PoX」解決以上的所有問題，相信這個「PoX」應該是集合一連串以上所說的共識機制構造而成，我們拭目以待。

智慧合約（Smart Contract）

所謂智慧合約其實就是在區塊鏈上的電腦程序，用來認證及制定和執行合約條件的特定協議（protocol）。這個概念早在 1994 年已由 Nick Szabo 提出，雖然在比特幣都有用到智慧合約，但只支援與交易有關的部分，涵蓋層面十分有限。所以現在一般認可的智慧合約都是只可以執行「圖靈」（Turing）及完備程式的以太坊區塊鏈（Ethereum blockchain）。

2015 年，以太坊的創辦人 Vitalik Buterin 推出具有智慧合約的區塊鏈，並在以太坊上運行。他的智慧合約有三個很重要的要素：

一、合約一經啟動就自動運作，不需要有任何第三方介入。

二、合約可以自主控制其計算的資源，有權限地分配交易雙方的資金、虛擬貨幣和不同形式的財產。

三、合約是完全的去中心化，不需要經過中心化的某個伺服器（computer server），只需要通過分散的電腦節點就可以運行。

智慧合約是一個雙方的協議條款，以電腦程式在區塊鏈上執行，儲存在一個公共的資料庫內，不能被竄改。智能合約下的交易由區塊鏈處理，所以這是完全自動發生不需要第三者介入，只要合約中的條件得到滿足，交易便自動達成，因此可確保完全去中心化。

與此同時，以太坊把建基於智慧合約的應用程式稱之為「去中心化應用程式」（Decentralized App），簡稱為「Dapp」。明顯地，Dapp 跟我們常用的 App 功能上一致，但 Dapp 能夠去中心化。可以這樣理解，智慧合約就是 Dapp 和區塊鏈的一道橋樑，把兩者連在一起。在 2021 年 6 月開始，NFT（Non-Fungible Token）正大行其道推出各種不同的「數碼藝術品」，嚴格來說，這就是智慧合約的一種應用。筆者認為，NFT 是一個不可多得的應用方式，它賦予所有在虛擬世界內的數碼資產有一個獨一無二的認證。即 NFT 確立了數碼產權，而這個產權可以用虛擬貨幣來買賣。從此，虛擬貨幣就有其內在價值。筆者認為，

NFT 將會被藝術家們廣泛應用。因為在傳統的藝術品買賣中，當藝術品賣了給收藏家以後，無論日後這件藝術品的拍賣價錢飆升，對原創者來說也得不到甚麼利益。所有的拍賣價錢都被收藏家、新買家與拍賣行瓜分，原創的藝術家不能分到一丁點的利益。但是 NFT 就把每次買賣中的利益預留 10% 給原創藝術家。意思即是，原創者創造了這個藝術品之後，每一次的買賣他都得到 10% 的分成。這樣就鼓勵了所有原創藝術家把利用 NFT 交易其藝術品，這樣的機制對各方都有好處，尤其能夠惠及原創藝術家。

其實，智慧合約機制真是博大精深，它的應用層面非常廣泛。簡單來說，一般讀者可以理解以太坊為一個作業系統（operation system），在上面建立不同形式的 Dapp，利用智慧合約作為橋樑，實行去中心化。這樣的系統比傳統 Apps 更為安全。筆者認為在不久的將來人類將會利用這種智慧合約製造更多新穎而有趣的應用方式。Dapp 將豐富整個虛擬世界，甚至「元宇宙」。

第二章

「挖掘」技巧

在上一章中，已經把整個虛擬貨幣的概念系統地介紹了一遍，對區塊鏈的產生和認證都作了比較深入的剖釋，亦對其中常用的共識機制及智慧合約有簡單而具體的描述，讓讀者有一個基本的概念，知道背後的原理。而本章，我們會進入開採虛擬貨幣的實戰篇。

2.1 「挖掘」虛擬貨幣的原理

簡單來說，挖礦(mining)，其實就是一種用來分配這些虛擬貨幣的方法，透過執行「工作量證明」(Proof of Work, PoW)或其他類似的電腦演算法來獲取加密貨幣，例如比特幣、以太幣、狗幣等。由於此名稱源自對採礦的比喻，進行挖礦工作的人通常稱為礦工(miner)。

在這裏我們以比特幣為例，嘗試從零開始探討怎樣挖掘一個比特幣。

比特幣(Bitcoin，代幣為 BTC)，是目前市值最高的虛擬貨幣(又或者稱為加密貨幣，即 cryptocurrency)，採用 SHA256d 加密演算法。比特幣是用 PoW 的共識機制來分配預設數量的貨幣，系統會先作出一個複雜數學運算，然後等所有參與者用他們的電腦計算出這條數學運算的答案，誰最快得到答案，就有權建立一個新的區塊打包一批交易記錄，並獲取一定數量的比特幣作為獎勵，多勞多得。

礦工就是從事推進區塊鏈並保持其有效性所需的工作。為了吸引他們提供這些服務，礦工會獲取加密貨幣作為補償。「礦工」一詞出現在最初的 PoW 時代，名稱的由來是將金礦裏從事挖礦的礦工比喻成使用計算能力製造區塊鏈的工作者。

一切是由比特幣的交易開始，利用在世界各地的點對點電腦進行一連串的認證，然後就製造一個新區塊（block），這就是比特幣的誕生（讀者可以回到上一章，參考區塊鏈和挖礦的工作原理）。

2.2 開始挖礦

對整個虛擬貨幣有了基本的了解後，我們可以開始準備挖礦。

其實如果你投資比特幣(或其他的虛擬貨幣)只是想作長期持有或者追隨升幅，最簡單的方法是到網上的虛擬貨幣交易平台購買(很多時都是透過信用卡)想要的那種虛擬貨幣，這個方式簡單、直接、快捷，不一定需要去挖礦。因此，如果你相信虛擬貨幣的潛在價值，並且相信這個世紀是「數據的世紀」，元宇宙和 NFT 將會是未來的新趨勢，下一個世界首富將會在虛擬世界裏出現的話，投資虛擬貨幣應該沒有甚麼大錯。當然，要懂得選擇一些有潛質的貨幣作長期持有，不可人云亦云，要自己做功課。

挖礦的五個步驟

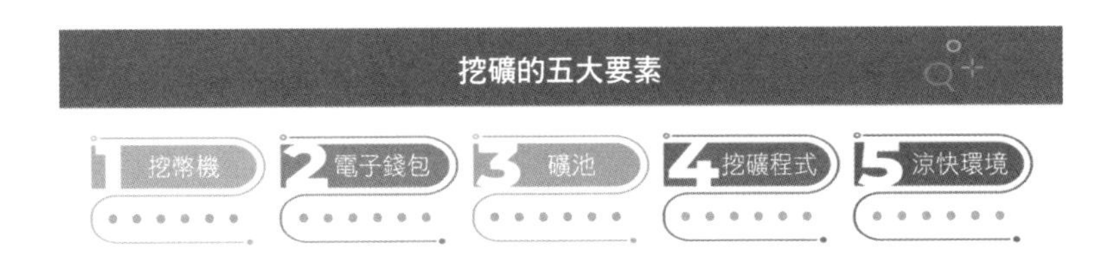

簡單來說，挖礦有五個步驟：第一，要有部適合挖礦的硬

件機器；第二，要有一個電子錢包（e-Wallet），將你掘到的虛擬貨幣存放在裏面；第三，註冊一個去中心化的挖礦池，增加你的挖礦效率；第四，下載挖礦程式，把電腦硬件、電子錢包及礦池連在一起；最後，接通電源，製造一個涼快的環境，你便可以進行挖礦啦。

所謂挖礦，其實就是組裝合適的電腦，加上運行適當的軟件進行以上所說的破解數學遊戲。每當你破解成功一條數學難題，就會得到一定量的比特幣獎勵。

近年由於雲計算的普及，有很多人利用雲端處理方式進行挖礦工程，這是一個不錯的選擇，你只要在雲端挖礦的網站上登記賬號及設定電子錢包，當一掘到幣的時候，就會把新掘到的幣直接轉到你的戶口裏面，非常方便。以下這幾個都是近年流行的挖礦雲：BeMine、CryptoUniverse、ECOS、IQ Mining、Genesis Mine、HashNest 等等。大家有興趣的話，可以在以下網站詳細了解一下這個雲平台：https://www.genesis-mining.com/ ，或者搜尋類似的「挖礦雲」。

基本上，當你選定了一個挖礦雲，譬如這個 Genesis Mining，之後，便把你的個人資料註冊並認證你的戶口。在儀表板（dashboard）上，你會找到你所需要買的 Hashrate、每日的進賬表和你的財務表。用戶需要定下要購買的服務費、合約期、Hashrate 價格及預期的比特幣價格。訂好後，雲端就會自動根據你設定的方向進行挖礦，並將挖到的比特幣（或者其他你選擇的虛擬貨幣）存送到你的電子錢包內。就是這樣簡單。但是和運用其他投資工具一樣，你一定要了解清楚，當市場上幣值下跌的時候，你計算的利潤可能下跌，從而有機會不能支付服務費，造成虧損。總之投資價格可升可跌，一定要量力而為，不要貪心，不要盲目追捧。

在雲端工作，你不需要購買及維護複雜的電腦設備，擔心運作的安全，一切這些麻煩都有雲端掘幣公司代為效勞。當然，這個世界是沒有免費午餐的，這些雲端掘幣服務收費都十分昂貴，所以投資者要自己計算清楚回報率是否可以接受。還有一點大家要注意，就是近日發現有不少的網上挖礦平台出現詐騙情況。他們會在網上刊登大量廣告，以非常優惠的價格吸引投資者用他們的雲平台及服務作遠程挖礦。甚至聲稱可以幫顧客轉換不同的虛擬貨幣作為二次投資，但當你付款以後，便發覺在這個雲平台裏面沒有真正為你挖礦，當你想把掘到的虛擬貨幣轉換成其他貨幣或現金的時候，才發現你的戶口已不存在，甚至連整個平台都已經化為烏有。所以投資這些網上服務要非常小心，一不留神就會血本無歸。這亦是筆者寫這本書的原因，把虛擬貨幣的「真面目」介紹給每位讀者，不要被不法之徒欺騙。

筆者個人比較喜歡自己購買挖礦硬件及運作挖礦機器自行掘幣，一來，回報率比較可觀；二來，亦可增加自己對虛擬貨幣的認識。最重要的是，沒有親身參與是不會享受到箇中樂趣的。

2.3 硬件的準備

在早年，比特幣礦機只需用普通家用電腦的 CPU 便能挖礦。這就是所謂的「CPU 挖礦」。2009 年 1 月 9 日，第一批比特幣（50 枚）就是中本聰透過普通電腦挖出來的。除了用 CPU 挖礦，亦可用 FPGA（Field Programmable Gate Array，這是一種特定的集成電路，若果你不明白這是甚麼也不用擔心，在現實生活裏我們很少用到 FPGA），現在比較常用的是 GPU（Graphics Processing Unit），還有用 ASIC（Application Specific Integrated Circuit）把現有的電腦元件重新組合製成一部更加適用於挖礦的專屬機器。

之後幾年，比特幣還是處於萌芽階段，只被當成是新奇的「玩具」，有些青少年會用幾十個比特幣來買幾塊 pizza，當時挖掘比特幣簡直是易如反掌，我們只需要用一部普通的電腦，在比特幣的網頁下載一個軟件（software）在電腦的後台（background）運行，每天就已經能產出幾十個比特幣。因為當時比特幣在大眾的心目中沒有甚麼價值，並且當時的虛擬貨幣交易所亦不是很流行，交易十分不便。但今時今日成千上萬的人都在打比特幣的主意，競爭剩下的比特幣，加上每四年比特幣產量減半原則，由 2010 開始到現在，產量已經減了兩次，只剩下當年的四分之一。因此，我們要與整個世界的其他幾百萬部電腦競爭，我們的裝備也不能落後，普通的 CPU 已經掘不到多少比特幣了，所以我們現在要用大量的顯卡（graphic card）來挖礦，因為顯卡是設計來計算大量複雜的數學公式，可說是最稱職的挖礦工具。

GPU ，即圖形處理器（Graphics Processing Unit），即是顯卡的處理器。2010 年 9 月 18 日，第一個顯卡挖礦軟件發布，由於 GPU 的運算能力與挖礦的計算重疊度較高，一張顯卡中的 GPU 相當於數十個 CPU ，挖礦效率大幅提高，很多人開始轉向用 GPU 挖礦，由一張或者多張較高端的顯卡組成的挖礦設備就此誕生。

不同的顯卡有不同的挖礦能力（有時叫做算力），專用於挖礦的顯卡又稱為「挖礦卡」，基本上挖礦力和卡的數量呈正比，所以電腦能裝置越多卡越好。但這裏有兩個問題要考慮：一部電腦只可以配置有限量的挖礦卡 —— 一般來說一塊電腦底板不能配置多於十張卡。另外，根據每張卡的用電量不同，所以亦要考慮配置的「火牛」（power supply unit）是否有足夠的電力供應給所有顯卡。

由於所有的電腦及挖礦卡都是全天候 24 小時工作，可想而知它會發出不少熱量，以一部挖礦機一天要用約 kWh 電力為例，由於挖礦耗費大量電力及因而產生很多熱力，使它就像一部滾燙的電熱爐，因此冷卻系統非常重要。若果只用一至兩部礦機，安置在比較通風的地方再加幾把抽氣扇及風扇還勉強足夠散熱。但如果有十多部機一起挖礦，冷氣系統是不可或缺的，因為若挖礦機過熱的話，小則機器停止運作不能挖礦，大則整部機器都會燒毀，血本無歸。

此外，要留意在坊間可以買到的顯卡往往是被鎖住（locked）的，不能用來挖礦，所以購買挖礦卡的時候一定要問清楚是否已被解鎖，可以用來挖礦。由於不同的虛擬貨幣有不同的加密方式，所以某一種顯卡對某一種貨幣會特別有效率，因此要先清楚自己掘哪一種貨幣，才好決定要買哪一款卡。

可以說，一部挖礦機其實就是一部印鈔機。這個消息不但你知我知，賣挖礦機的人亦知道，所以那些已被解鎖、可用來高效挖礦的顯卡是不會便宜賣給你的，有時這些新出的高算顯力卡更會被炒高幾倍價錢，甚至缺貨。因此買卡的時候一定要了解清楚，計算一下性價比才決定是否購買。

以下這個網站列出大部分的挖礦卡的資料，可以作詳細比較，筆者做過詳細的試驗，它列出的資料十分正確，參考價值高：https://www.miningbenchmark.net/

從網站中，可以看到每張卡的重要參數，例如 Model RTX 3080 是 NVIDIA 廠生產，主要用於挖掘以太幣，每 Watt 的電力有 0.43 Hashrate，並估計每月扣除電力後每張卡的收入為 US$120.41（大概是港幣 939.2）等等。但是這張卡在香港電腦商場會賣港幣 7,000 左右。所以回本期為七個多月。當然，一切取決於以太幣的幣值。一般來說，把所有的硬件及交易費算在一起，整部機器的投資回報大約需要一年。

至於 ASIC 機，它比較專業，價錢亦比較貴，由於它是特別為挖礦而製造，所以挖礦能力也特別高。現在挖掘比特幣大多數都是用大量的 ASIC 機來挖掘，否則挖到的機率會大大減低。其他用 PoW 挖礦的貨幣，譬如以太幣，就較多用顯卡 GPU 來挖掘。

筆者個人是甚麼卡都用，因為在不同時間，顯卡的性價比也不一樣，所以要看當時的環境，能買到甚麼卡，價錢又合理，計算過回本期後，才決定買哪張卡掘幣。近來買得比較多的是 AMD。

要注意的是：正如前述，不同的卡對應不同的貨幣，所以你買卡前心中一定要定下準備挖掘的目標貨幣。只要你的電腦底板、火牛及相對應的挖礦卡配置妥當，你挖礦的效率便會大大提升。而最後一個步驟，就是把以上的電腦硬件裝嵌起來，變成一部擁有多張顯卡的挖礦機，對於一般有電腦認識的人士來說，裝嵌一部礦機和裝嵌一部普通家用電腦沒有甚麼大分別，但剛開始裝嵌的時候，一定會有一些問題需要解決，最佳的方法就是找幾個有經驗的朋友一起做，互相幫助，一起解決問題。若果有需要的話，可以與筆者聯絡，我們亦樂於分享經驗給初學者。

2.4 電子錢包

做那麼多的工作，最終都是想掘到虛擬貨幣，用來儲蓄、投資或直接花費，這樣就需要一個可以儲藏虛擬貨幣的「錢包」。電子錢包分兩種，一種稱為熱錢包（hot wallet）是指能連上網絡設備便能運行，進行虛擬貨幣交易；另一種就是冷錢包（cold wallet）即是把虛擬貨幣存放在離線的儲藏裝置內，這種方式基本上無法被黑客和其他不法分子盜取，所以冷錢包提供了更佳的保護作用。在許可的情況下，筆者鼓勵你把計劃長期保存的虛擬貨幣存放在冷錢包內，並把少量虛擬貨幣保存在熱錢包中，作為日常應用。

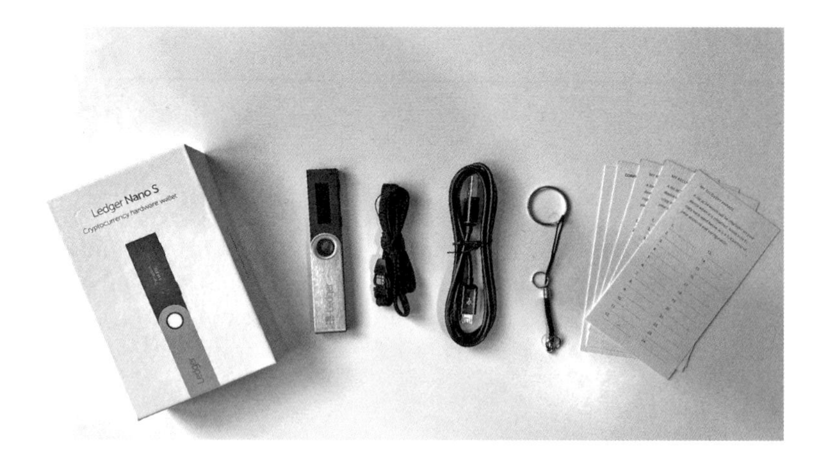

以上就是筆者使用的「冷錢包」。

電子錢包（錢包地址）是用來存放虛擬貨幣的一個網絡位置，功能則是在於當你購買了加密貨幣時，或者自己挖到虛擬貨幣的時候，你總要找個地方存放着，而電子錢包就是存放虛擬貨幣的一個地方。有很多平台可以給你創建虛擬貨幣的電子錢包，像是幣安（Binance）、火幣（Huobi）、幣託（BitoEX）、Coinbase 等等，它們都是現時最流行，亦是全球交易量最大的交易平台。現時在互聯網世界裏有數以百計的虛擬貨幣交易平台，提供不同類型的交易服務，包括建立電子錢包、支援挖幣工作、兌換不同的虛擬貨幣，亦有儲蓄及投資虛擬貨幣等服務。不同的交易所有不同的收費標準及服務對象。讀者要小心選擇適合自己的交易平台。老實說，這些交易平台良莠不齊，真是不容易選擇，單單在香港這兩年新出的虛擬貨幣交易平台已經有數十種。你存在這些平台的血汗錢及掘到的虛擬貨幣有可能一夜之間化為烏有，若果該交易平台是存心詐騙的話，更是很難把錢追回來。所以一定要選擇有名氣、可信賴的交易平台，跟你選擇一間實體銀行一樣。但是，實體銀行是有政府、執法人員監管，而這些交易平台大多都缺乏監管，如果出現不法行為，或因經營不善倒閉，存戶就很難得到保障。

對此，筆者建議：不要貪圖便宜的手續費、方便快捷的平台服務，或者盲目相信他們的廣告，對初學者來說，最好是先用最傳統，亦是全球交易量較大的幾個虛擬貨幣交易平台。筆者的看法是，他們已經有幾百億生意正在經營，你只是存放幾萬美元的虛擬貨幣在這些平台中，應該是相對安全。話雖如此，但筆者仍建議不要把所有的雞蛋放在一個籃裏面，你大可以把你的投資放在三個最大的交易所的電子錢包內，這樣就更為安全。

其實，現在隨便上網都可以找到不同交易平台的資料，讀者們只要花一點時間就能了解這些交易平台的背景、以往歷史、誰在背後操縱及一些網上的評價，當然亦要了解它們每天的交易量、市場佔有率、支援的貨幣種類等等，要做足功課，不要人云亦云。最重要一點就是，這些資料不是永恆不變的，當看到市場有不利消息傳出時，就要不斷調整投資部署，所以選擇合適的交易平台可能就是你最先要做的功課，不要掉以輕心。

以幣安（Binance ， https://www.binance.com/en）為例，它是現時全球最大的交易所，是趙長鵬在 2017 年於上海創辦，幣安提供近 600 種虛擬貨幣兌換，交易量為全球第一，24 小時的交易量超過 100 億美元，每日新增註冊用戶超過 10 萬，而持有幣安幣（BNB）的用戶，交易手續費可減半。

全球各大政府對虛擬貨幣都出台了一連串打擊措施，如中國政府增加打擊國內的虛擬貨幣活動，並有不少政府部門控告趙長鵬。所以真的不知道幣安交易平台還有多少時間可以繼續服務。不過話說回來，這些平台都是去中心化的，不是那麼容易把它取締。

至於 Coinbase（https://www.coinbase.com/）是在美國上市的虛擬貨幣交易所，可以說是一間持有正規牌照的平台，相對比較安全。不過 Coinbase 在海峽兩岸暨香港都不設有貨幣交易服務，但是可以用其電子錢包服務。

除了以上兩個交易平台外，還有 FTX、火幣（Huobi）、Crypto.com 等平台，不計其數。但其實它們的服務都是大同小異，每個交易平台都會有其個別特色，吸引不同選擇傾向的顧客，譬如 FTX 有高息存幣服務，最為吸引的就是可以每小時結算；Crypto 好像有新加坡背景，亦有發行自己的信用卡，即可以用傳統法幣的消費形式交易虛擬貨幣，十分方便；火幣（Huobi）就是小型的幣安，同為中國背景，有很多「fintech」（financial technology，即金融科技）公司都利用其平台進行自動交易服務，在以後的章節會詳細研究這種投資工具。

以下用幣安平台講解如何使用電子錢包（由於這些平台的界面會不斷更新，所以在以下的教學內容裏面，可能會與你進入的網頁有所不同，如果是這樣的話，你可細心鑽研一下；或請教有經驗的朋友），其實其他平台的電子錢包都是大同小異，讀者了解基本原理後，便一理通百理明：

首先，打開幣安官網：www.binance.com，揀選右上方的「註冊（Register）」（黃色正方盒子），點選註冊郵箱（常用信箱）或手機。再到信箱收驗證信件，先暫時進行到這即可（之後可以再去二次驗證加強賬戶安全）。現在，你已經有一個電子錢包啦，要好好記住你輸入的密碼，如果你忘記了這個密碼，你所有的虛擬貨幣錢包將不能夠重新打開，意思就是你所有的貴重資產將會化為烏有。早期有很多挖掘了比特幣的人，由於忘記了其電子錢包賬號及密碼現在都無法重啟，據估計，這些遺忘了的比特幣多達幾百萬個，所以我們要好好把賬戶及密碼保存起來。

2.5 礦池

要想透過個人力量挖到比特幣，除非我們回到比特幣剛發行時，有大量比特幣供開發，競爭對手也較少；但是現階段，未被開採的比特幣數量越來越少，很難只透過個人的電腦運算能力挖到比特幣，因此出現了一種聯合大量演算能力的平台，用戶為網站提供算力，而網站在結合龐大算力後比較容易挖到礦，再藉由平分挖到的礦場給提供算力的用戶，而其結合大量個人電腦運算能力網站，即為「礦池」（Mining Pool）。

Slush Pool 和 CGminer 都是比較熱門的礦池，它們都有很多支援工具幫助新加入的礦工掘取第一桶金。若果想了解更多不同的比特幣礦池，可以瀏覽以下網站：https://www.cryptocompare.com/mining/#/pools。幾乎所有可用的比特幣礦池都在這個網站裏。

筆者亦有用 f2pool 來作比特幣的礦池，和 Bitfly 做以太幣的礦池。兩者都是大同小異，視乎讀者需要。

當你找到合適的礦池後，便可進入它的網站並註冊，然後記錄你的賬戶及密碼。

2.6 軟件的準備

如你決定不採用雲端挖礦，而準備自己挖礦，準備好硬件設備後，下一步就是要下載一個適合的軟件。簡單來說，挖不同的幣亦要下載不同的軟件。又以比特幣為例：

在網上有很多掘幣的軟件可以下載，切記先搜集資料，不同的軟件，有不同的軟件平台支援，亦有不同的期限及收費，一定要對比清楚。現時，你只要「google」一下，就有很多不同的軟件介紹，Guru99（https://www.guru99.com/best-Bitcoin-mining-software.html）就是其中之一，它會把每個掘幣軟件進行分析，讀者可以在這些軟件內，了解更多它們不同的功用，互相比較；讀者亦可以試用一下 f2pool，它有很多捧場客，可先到它們的官網看一看：https://www.f2pool.com/，此網站會提醒你，用 ASIC（application specific integrated circuit）專用挖礦機來掘比特幣是比較有效，這是真的！但相對地，用顯卡、GPU（Graphic Processing Unit）掘虛擬貨幣就比較有彈性。

如你揀選比特幣作為挖掘目標後，便要在 Guru99 註冊賬戶。首先，在首頁的右方，每種虛擬貨幣都有其教學專頁（tutorial），教你如何操作挖掘，因此務必詳細閱讀。之後，就要揀選你想挖掘的虛擬貨幣，及揀選你所用的顯卡型號，並進入每張卡的 IP，設定 f2pool 用戶名、礦工號等等。基本設定完成後，可以準備電子錢包和進入礦池，開始進行挖礦。其實用 f2pool 亦可以用來挖以太幣（Ethereum），只是目標貨幣由比特幣轉為以太幣，其他步驟都是大同小異。

為方便新加入的礦工，筆者最後不厭其煩地以幣安說明一次：

1. 當你已擁有幣安的電子錢包後（你可以回到電子錢包的教學篇裏，註冊電子錢包），第二步就是在右上方揀選「Wallet」（錢包），並揀選第二選項「Fiat and Spot」（法幣吸現價）。

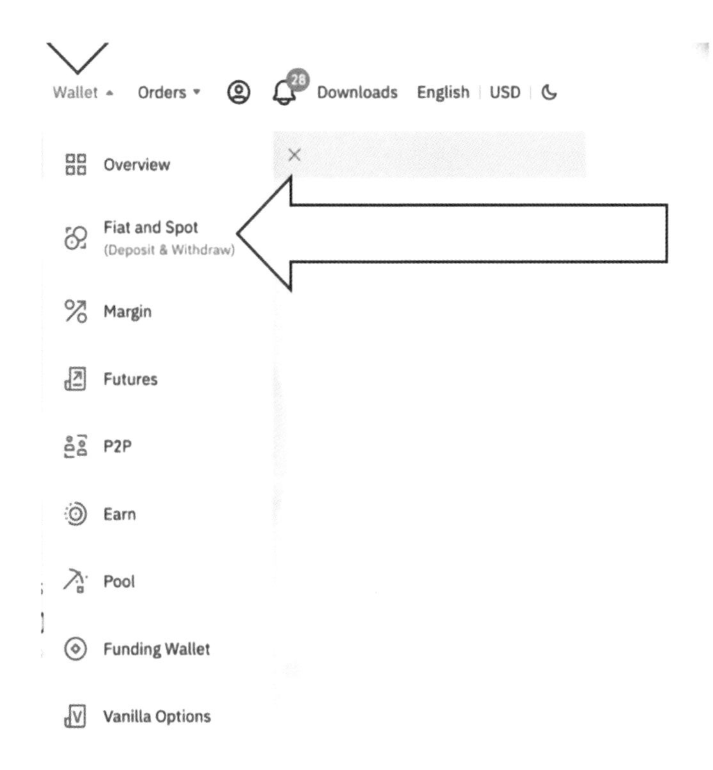

2. 再揀選上方的「Deposit」(存入)，即點選黃色的正方盒子。

Deposit

3. 揀選你想掘的貨幣。

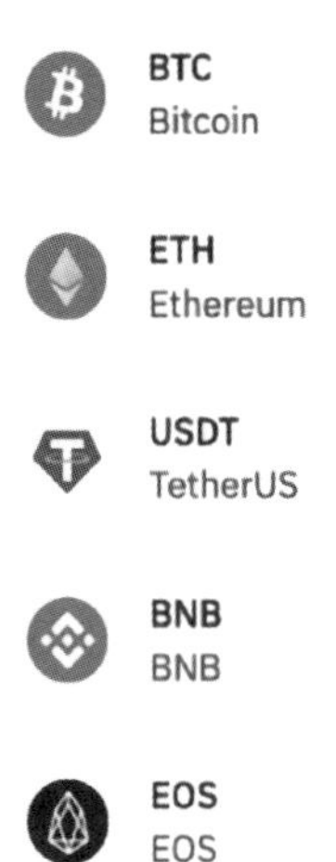

4. 揀選 network(網絡)，輸入和輸出的 network 一定要相同(非常重要，否則有機會造成資產損失)。

Select network ×

Ensure the network you choose to deposit matches the withdrawal network, or assets may be lost.

BNB
Binance Chain (BEP2)

BSC
Binance Smart Chain (BEP20)

ETH
Ethereum (ERC20)

5. 然後，你會獲取到一個地址，小心記住它。

6. 在 HiveOS 註冊一個戶口，並且安裝 HiveOS 在電腦上，進行挖礦。

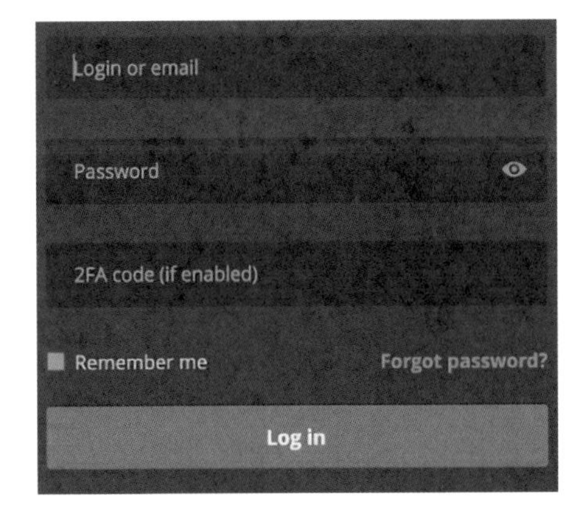

7. 加入你的幣安全包地址。

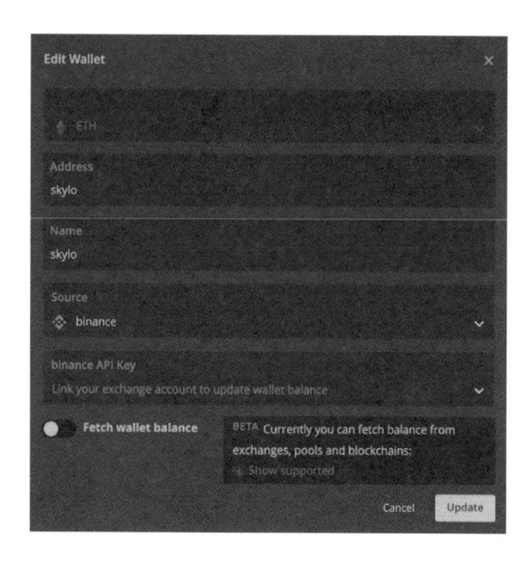

8. 下載 HiveOS 作業系統，並且抄到硬碟上儲存，作為挖礦的作業系統。

當你把這個軟件安裝好，並把電子錢包及礦池設置好後，基本上這部機器已經可以為你 24 小時不停挖礦，你會在電腦屏幕看到它每分鐘的挖礦記錄。當你看到成功掘礦的時候，有時它的記錄會轉成另外一種顏色，這會使你的心情十分興奮！這一點點的比特幣或以太幣就會自動儲存到你的電子錢包中。你可以隨時打開錢包看看，數一數你現有的虛擬貨幣，多麼賞心悅目！

第三章

交易虛擬貨幣

3.1 虛擬貨幣與傳統金融的區別

我們在第一章已經介紹過虛擬貨幣的去中心化和傳統金融體系發鈔情況，在本章我們用一個比較宏觀的角度重新檢視它們在本質上的分別，作為一個投資者應該怎樣理解虛擬貨幣的存在價值。傳統的貨幣絕大多數都由政府的中央銀行體系，以強力的中心化權力機關的身份發行鈔票。鈔票的幣值、發行量及交易地位均有法律保證，所以稱為法定貨幣，或簡稱法鈔、法幣（Fiat）。現代的法定貨幣沒有與任何商品或者貴重金屬掛鈎，貨幣的本質就是市民相信它「值得信賴」，政府依靠法例賦予的權力發行貨幣使其成為合法通貨。法定貨幣的價值來自於市民相信政府會維持貨幣的長期購買力，貨幣本身沒有內在價值。有部分政府會把自己的貨幣與其他國家的外幣掛鈎，並以本身的外匯儲備來維持匯價穩定在一個水平上，香港就是這個做法的佼佼者。

法定貨幣的最大好處就是由有絕對權力的管理員安排一切，並有警察及司法制度保障，但是政府亦會以其無形之手改變貨幣發行量、利率、財政政策以操縱經濟、控制失業率及通脹。本來這樣亦是無可厚非的，但是歷史證明，政府往往會因為自身問題或政治因素而把整個經濟推向錯誤的方向，令一般小市民及投資者蒙受嚴重損失。在戰時，若市民對政府的信心動搖，對國家貨幣失去信心，普羅大眾便會爭相兌換黃金或者其他貨幣保值，此時，法幣的價值就會一直下降，跌至一文不值。有個笑話就講到，在一次大戰期間，德國政府瘋狂印鈔以支撐戰事，當時的法幣是馬克，戰後，市民對馬克完全失去信心，在 1923 年期間，1 美元最高可以兌換成 42,000 億馬克。話說當時有個老太太在排隊買麵包，她把一大籃子的鈔票放在地上，而自己就上前挑選麵包。當她揀選好的時候，轉頭一看，她的籃子已被小偷偷走了，但是籃子內的鈔票卻全部倒在地上！

筆者認為虛擬貨幣與傳統金融體系最大的分別，不單是以上所說的去中心化概念、區塊鏈技術或者它們的潛在價值，真正分別是在於虛擬與現實。虛擬貨幣的出現是一個劃時代的創舉，是本質上的根本改變。這種貨幣是為了一個全新的世界製造出來的貨幣，更將是互聯網世界的合法貨幣，亦是人類在數字資產的網絡交易工具。無論你願意或不願意接受這種新的貨幣，請你不要把它與以往在你腦海中的實體貨幣混為一談 ——它是一個完全革新的概念！就像原始人在海邊拾到的貝殼，硬要把它的價值和一隻羊畫成等號一樣，不可思議。從另外一個想法來看，這種新的概念就像我們發現「開方根 -1」一樣，它完全沒有實質形態，只是我們腦海中想像出來的一個符號，只可以用來計算某種數學等式。當然今天我們很清楚，這些虛數經過百多年來的發展，確為我們帶來全新的科技。又或者再把這個概念抽像化一點，虛擬貨幣的誕生就完全和當年量子物理學家提出測不準定理（uncertainty principle）一樣不能被理解及接受——連愛因斯坦對此定理都抱有懷疑，但到今天量子物理學已經是整個科學界的中流砥柱了。

這亦是為甚麼筆者比較喜歡稱之為虛擬貨幣，而不稱為數字貨幣或者加密貨幣，因為這兩個的概念與虛擬世界的概念實在相去甚遠。

3.2 虛擬貨幣的交易方式及工具

可能讀者們都已經等待這一章節很久了，我們現在入正題討論如何在網絡上買賣虛擬貨幣吧！無論你手上有沒有虛擬貨幣，第一步就是要有一個虛擬貨幣的電子錢包，在上一章筆者已介紹過如何在熱門的交易平台上建立電子錢包。現在，若果你已經開動挖礦機的話，那麼你每天都會有定量的虛擬貨幣源源不絕地存入你的電子錢包內；若果你看到有另一款貨幣很有投資價值，但你沒有安排挖礦機開採的話，最簡單的方法就是在市場上購買這種貨幣，用作短期炒賣或者長期持有都可，和你買股票一模一樣。

要買一種貨幣，最簡單的方法就是找個擁有這款貨幣的朋友私下交易。在 Facebook 、討論區、不同種類的社交羣組乃至虛擬貨幣交易所，都有很多人討論着不同貨幣的買賣價格，你亦可以參加一起討論，當價錢合適就可和對方進行私人交易。筆者亦有用過這個方法私下買賣不同貨幣（包括虛擬貨幣及實體貨幣）。當然，你把虛擬貨幣轉為實體貨幣或者某個國家的法幣亦可以。事實上，用這個方式來購買虛擬貨幣一般來說都是比較便宜的，因為沒有中間人的手續費，但是你要找到一個合適的交易對象有時又不是太容易，這種以物易物的方法效率相對也比較低。還有，有時在新聞報道上都有聽到，在進行線下交收的時候，其中一方會做出欺騙行為，甚至有不法分子利用你們交收的機會，把虛擬貨幣和現金同時劫走，所以用這種方式交收時要特別小心。如果遇到這些欺騙、行劫的情況，一定要向警方求助。雖然虛擬貨幣沒有法例監管，但是行騙和打劫一定是違法，警方必定會介入。

另外一種較為便利的方法就是到兌換店（money exchange）或者經紀行（Broker），如 Changelly、幣託（BitoEX）等等，購買你所需要的虛擬貨幣。在香港，這類型的虛擬貨幣找換店已經在灣仔、尖沙咀、旺角等大型購物區開設，非常便利。筆者亦在各個旺區看到有虛擬貨幣的 ATM 櫃員機，相信亦可以直接買賣虛擬貨幣。用這樣的方法買賣虛擬貨幣最大的好處就是比較安全，亦可直接用信用卡和主要法幣，如美元、歐羅等等付款。你亦可以要求直接提供虛擬貨幣資料，抄到你的冷錢包中或者經網絡傳到你的熱錢包內。切記交易成功後，要再三核對清楚，否則以後很難追討。這種方法的最大缺點就是要經第三方購買，你的身份很可能會被洩漏，失去了「匿名持幣」的好處；由於牽涉到中間人的服務，所以就產生了高昂的手續費和不利的兌換價。一般來說這些找換店或者經紀行都不會持有太多種類的虛擬貨幣，它們只會為客人購買市場上流通量比較大的幾種貨幣，如比特幣、以太幣等三、四種貨幣而已。

最為普遍的購買方法是利用虛擬貨幣交易平台（亦叫做交易所，Cryptocurrency Exchange），它是網上平台，全天候 24 小時服務。一方面有人持有貨幣想沽貨，另一方面有人想買貨，互相掛牌，當價錢達到一致的時候，交易所就為他們對盤，撮合這次交易。這種做法和買賣股票一模一樣 —— 自動對盤。好處在於：市場上的公平競價機制下，確保價格處於供求的平衡點上，十分公正；交易費比較低，一般來說都是在 0.1% 左右。還有，交易過程完全是匿名的，交易雙方只需要公開電子錢包的地址，不會洩露個人身份。一些大型交易所支援的貨幣種類由幾百種到千種都有，非常龐大，十分便利。但是由於每天都有新的貨幣加入，所以基本上沒有一個交易所擁有所有的貨幣作交易。譬如，幣安雖然已號稱是全球最大的交易所，但它支援的貨幣亦只有 600 多種。在交易所購買虛擬貨幣亦不是沒有麻煩之處，最大的缺點就是先要開立戶口並且存放一定數量的金錢，還要在市場上競價，在市況不穩定的時候，價格存在着很大的波幅，不容易控制購買的價格。對初學者來說，在這些交易平台進行網上操作並不容易，尤其是要多次確認戶口和電子錢包的地址，很容易會出現錯誤，若果不熟習轉賬的步驟，就容易造成轉賬錯誤，帶來不必要損失，所以初學者都應該找個有經驗的朋友幫忙重複檢視，確保轉賬無誤。

最後還有一種叫做場外交易（Over the Counter, OTC）的購買方法，都是在網上的 OTC 平台上進行交易，但這種平台是一對一的互相議價，不需要公開競價。有點像拍賣網站 eBay 的做法，沒有特定的貨物種類、數量或者規矩的限制，只要買賣雙方喜歡，交易就是完全自由。賣家把虛擬貨幣的數量及定價上架，而有興趣的買家就可以直接跟賣家議價。與交易所的最大分別就是交易所存在着大量的買家和賣家一起競價，所以必須要把貨品標準化，意思就是每單虛擬貨幣交易都有着一定的數量和價格規範，讓一大批人能快速競價。OTC 的好處就在於其交易彈性，但亦有平台的監察，確保交易公平。當然亦要交一定數量的服務費。

3.3 交易平台

以上四種買賣虛擬貨幣的工具都各有其好壞處，現時絕大部分的虛擬貨幣交易都是在交易所進行，主要原因都是其價格比較公平而手續費又相對便宜，且全天候運作效率高，所以對一般的投資者來說是相當吸引。因此我們主力介紹虛擬貨幣交易所。

現在大多數的交易所都提供各類型的虛擬貨幣交易服務，用家可以用信用卡直接買穩定幣（如 USDT），並用它來買賣比特幣、以太幣等等比較流通的虛擬貨幣，更可以直接用挖來的貨幣兌換成其他想持有的貨幣，用來作短期投機或長期投資之用，十分方便。當放在熱錢包內的虛擬貨幣價格上升，用戶就可以把這些升值的貨幣在交易所內兌換成另外一種有投資價值的貨幣，從而獲取利益，跟在股票市場內炒賣股票基本上大同小異，最大的分別就是虛擬貨幣交易費相對便宜，免稅及交易量的下限極低（基本上 10 美元都可以買賣）。此外，股票市場交易所是有政府監及管法例保障，所以買賣股票是相對安全的。但是虛擬貨幣交易所是一個全新的領域，現時監管是否足夠，仍需時間的驗證，因此若交易所發生任何問題，都隨時令投資者蒙受損失。所以選擇適合的交易所相當重要，投資者必須時刻留意交易所的情況，當感到交易所有異樣的時候，便應立即停止買賣把資金轉走。

以下的圖表，列載着全球交易量最大的 15 間虛擬貨幣交易所，排名是由它在 2022 年 1 月 1 日當天的 24 小時交易量釐定，最大的交易所就是幣安，24 小時內已有 138 億美元的成交量，比起排第二的 crypto.com 足足多了一百億美元的交易量，其實細心一點看清楚幣安的交易量已大過之後五間交易所的總和。在表內亦可以看到幣安其實不是最歷史悠久的，有交易所早在 2011 、 2012 年已經開始營業。但是幣安所支援的交易幣種是相當多，有 419 種之多，其實在其官網上幣安聲稱支援 600 種不同貨幣。這個都是他戰勝其他競爭者的一個重點。還有幣安的交易效率都相當高，相信是它大量投資在軟件及不同地方的伺服器有關。他之所以成為第一名的交易所相信就是他有一大班捧場客來做交易，試問若果你想買一種比較冷門的虛擬貨幣，但你所選用的交易所不夠賣盤，你就一定不會再次惠顧，所以在這個行業裏面新成立的交易所不容易立足。筆者始終都是建議初學者應該選擇排名比較前的交易所進行買賣，不要聽信其他交易所的廣告宣傳或者它們大大小小的優惠。簡單來說，若果不在這個表裏的交易所最好不要惠顧，安全第一。

虛擬貨幣(現貨)交易所排行

排名	交易所名稱	成立時間	24 小時交易量 (Billion USD, 2022/1/1)	交易幣種
1	Binance	2017 年 7 月	13.8	419
2	Crypto.com	2019 年 11 月	3.8	157
3	Coinbase Pro	2014 年 5 月	3.6	141
4	KuCoin	2017 年 8 月	2.2	583
5	Huobi Global	2013 年 9 月	2	370
6	FTX	2019 年 5 月	1.8	304
7	Gate.io	2013 年 4 月	1.3	1212
8	Kraken	2011 年 7 月	1	102
9	Bitfinex	2012 年 10 月	0.8	172
10	Bybit	2018 年 3 月	0.3	127
11	Binance.US	2019 年 9 月	0.3	69
12	Bitstamp	2011 年 7 月	0.3	51
13	bitFlyer	2014 年 1 月	0.1	8
14	Gemini	2014 年 10 月	0.1	77
15	Coincheck	2012 年 8 月	0.07	2

選擇交易所的另一個考慮因素就是其交易成本，各交易所收取的手續費也不同，一般來說都是 0.1% 左右，但不同交易所有它本身的優惠政策，譬如，若用戶持有某個數量的交易所發行的貨幣，就會有減免若干手續費，又或者在某個推廣期間會有優惠，所以投資者必須要「眉精眼企」，了解清楚所有類型的優惠政策。

先說幣安，雖然幣安看來比較安全，但是從它過往的歷史就知道，各國政府，尤其是中國、美國和日本，都對它有嚴格的限制，更會控告其 CEO 趙長鵬，坦白講，幣安交易所最後可否繼續在這些帶有敵意國家裏繼續經營都是未知之數。無論如何，它都是目前最大的交易所，基本上很難完全不用它，但為了減低風險，最好都是同時透過用多間交易所進行買賣。

再說 Coinbase，它被譽為最正規的交易所，是一間在舊金山成立的公司，亦是第一間投資 10 億美元的虛擬貨幣公司，並在 2018 年獲得紐約州金融服務部批准成為虛擬貨幣託管公司。現在它已經成為一間商業金融機構，並開設場外交易（OTC）為大額商業客戶進行虛擬貨幣交易。由於它是一間美國的土生土長公司，又持合法牌照，交足稅，相信美國政府不會為難它；中國政府又管不到它，因此 Coinbase 應該是比較安全的交易所，但是它不在大中華地區提供交易所服務，我們最多都只是可能用它的熱錢包作儲蓄。

Crypto.com 成立於 2019 年，除了一般的交易所服務外，它主要提供虛擬貨幣支付服務，亦發行了虛擬貨幣 CRO，更與 VISA 合作推出信用卡 crypto credit card，該卡可以利用虛擬貨幣結賬和使用傳統 VISA 網絡消費，非常方便 —— 筆者都有這張信用卡。

KuCoin 在 2017 年成立，是一個環球虛擬貨幣平台，相當受歡迎，支援全球 207 個國家或地區，共 500 萬用戶，提供幣幣交易（即虛擬貨幣之間交易）、法幣交易、智慧合約交易等種種服務。

火幣（Huobi）早期於中國成立，之後把總部搬遷到新加坡的一間虛擬貨幣交易所。在世界各地主要的金融城市都有其辦事處提供服務，在 2018 年，累計成交額已超過 1.2 萬億美元，實力相當雄厚。筆者亦有用它的交易服務。

FTX 成立於 2019 年，除一般的幣幣交易外，主要業務都在於衍生工具方面、槓桿代幣、合約交易等等。

Gate.io 成立於 2013 年，它支援的虛擬貨幣有 1200 多種，平台功能很多，如提供十倍槓桿交易、定期投資計劃等，它的衍生工具亦非常有名，手續費又很低。是一個不錯的投資平台。筆者都有 Gate.io 戶口，但較少使用。

Kraken 成立於 2011 年，可說是歷史悠久，在 2020 年時更得到美國懷俄明州批准，成為第一間可以設立銀行的交易所，它主要的特色是專營比特幣的交易服務。

Bitfinet 成立於 2012 年，專營各種數位資產的點對點（P2P）融資， OTC 及衍生工具交易。最大的新聞是 2015 ， 2016 年被黑客入侵盜取比特幣，之後發行 BFX 代幣來補償被竊的用戶。

Bybit 在 2018 年成立，主要業務在於用虛擬貨幣衍生工具交易，並有多種虛擬貨幣現貨及永續合約、手續費便宜等賣點。

筆者簡單介紹了以上十間最大的虛擬貨幣交易所，讀者們可以到它們的官方網站詳細了解其服務範圍及收費等等，亦要到其他的討論區與有經驗的朋友分享，同時，亦要保持警惕，多做資料搜集。現在還有很多新出現的交易所，多不勝數，例如在香港近年已經有幾十間新的交易所進行推廣，有些標榜着是日本資金，有些強調手續費低廉，亦有些表示熟悉本地市場，總之令投資者花多眼亂。

對一般初學者來說，買賣虛擬貨幣都可能會出現某些問題，以下我們再用幣安交易平台做教學，希望為初學者增加信心。當你熟習了幣安的操作過程，其他的交易平台大致都是差不多。最後，再說老生常談的一句話：戶名及密碼必須保存穩妥，交易資料要再三核對清楚，投資要審慎，須設法減低風險。

教學篇：以幣安交易平台買賣虛擬貨幣

1. 首先下載幣安手機程式（Binance App），並開立戶口（手機程式會不斷更新，所以具體操作可能會有所不同）。

2. 進入頁面後，點選右下方的「資金」，然後，點選上方的「資金賬戶」。

3. 購買一定數量的穩定幣（即「USDT」），之後用來轉換其他虛擬貨幣。

4. 揀選支付的金額、法幣種類及方法。

5. 按「去付款」，確認後，認購的 USDT 便會存到戶口內。

6. 現在嘗試用剛才的 USDT 購買比特幣（選定要買的貨幣「BTC」）。

7. 按買入鍵。

8. 選擇購買的貨幣品種、預算購入的價錢。

9. 按下確認購買，交易所就會把你的要求進行競價，當成功競價後，你就會得到你所想買的貨幣，並存進你的戶口內。

3.4 交易的挑戰

由於虛擬貨幣，特別是比特幣和以太幣，在過去幾年裏，都有幾何級數的倍數升幅，這樣就很自然地吸引了不少不法分子、犯罪集團來分一杯羹。犯罪分子除了看中虛擬貨幣的幣值飆升外，還特別喜歡虛擬貨幣的匿名性和全球通行的特性。這兩項特性簡直就是為國際犯罪集團度身訂做，最適合用來收取贖金、洗黑錢、大額轉賬過境非法資金等。

的確，虛擬貨幣的核心技術區塊鏈和加密技術，原理上相當安全，不容易被盜取或變更，但所謂百密一疏，犯罪集團正是看準虛擬貨幣每天數以百億計的交易額，便連同黑客組織從多方面騙取投資者的虛擬貨幣，或直接利用黑客程式攻擊交易所的伺服器從而盜取交易中的貨幣，又或盜取客戶的資料以此勒索。在 2016 年 8 月，Bitfinex 交易所就被黑客盜取大量比特幣，黑客從交易所客戶的電子錢包中轉賬 2,000 多筆款項到單一的電子錢包內。令當時的比特幣價格急跌 20%。當 Bitfinex 知道此事後，立即停止所有交易，並在之後發行 BFX 代幣以 1 : 1 美元的方式向被盜竊的客戶作出補償。在 2017 年的年頭，戲劇性的一幕出現，有少量貨幣悄悄地從這個單一電子錢包轉到一個地下市場 AlphaBay，有人想暗地裏清洗這筆黑錢。美國 FBI 便運用法定權力關閉 AlphaBay，令這筆黑錢轉到俄羅斯的

Hydra 去。FBI 在已關閉的 AlphaBay 裏，蒐集有關的犯罪交易記錄，並重整案情。在 2022 年 2 月，美國政府起訴一對紐約夫婦 Lichtenstein 和 Morgan，控告他們洗黑錢達 36 億美元，最高刑罰是判監 20 年。執法部門搜查他們的雲端儲存記錄，找到他們的電子錢包及密碼，而其中一個電子錢包內儲存着 94,000 個比特幣。FBI 利用區塊鏈的開放及可追索性，一路追查這筆錢的去向，部分的錢已轉成黃金、NFT、購物券等等，還有幾億元被兌換成現金，但是還 80% 的比特幣仍然收藏在原本的那個電子錢包內。雖然虛擬貨幣是匿名的，但是所有交易記錄是公開及可追索，並全天候被監察着，真是天網恢恢疏而不漏。

誠然，虛擬貨幣本身是難以被盜取。但是，不是每一種虛擬貨幣背後的持有者都是正人君子，背後的「大莊家」可以「舞高弄低」貨幣的幣值，亦可以像中央銀行一樣大量發行貨幣而令幣值大跌，更可能有某些貨幣發行者製造一連串騙局欺騙投資者。有款叫作 Squid Game 的虛擬貨幣，在 2021 年 10 月 26 日的價格還是在 1 仙美金，不到一個星期，即 11 月 6 日已被炒到 2,856 美元。但是又不到一個星期，貨幣價格竟跌了 99.99%。這樣的炒賣若不是騙局，又是甚麼呢？

網絡釣魚程式是一種很普遍的欺騙手法，犯罪集團會製造一個和你常用的交易所一模一樣的冒充網站，騙取你的登入戶名及密碼。在這類型騙局中，歹徒會利用網絡釣魚郵件引導使用者到冒充的網站，讓使用者以為自己進入官網。只要輸入了戶名及密碼，他們就得到這些資料，並冒充用戶的身份打開交易所的戶口，並且把戶口裏面的虛擬貨幣及其他數碼資產轉到指定的電子錢包內，由於虛擬貨幣沒有政府監管，所以當發覺到貨幣被盜取時，已難以追回。

黑客會利用惡意程式進入一般使用者的電腦內，「騎劫」他們的電腦進行挖礦，再把掘到的虛擬貨幣轉到指定的電子錢包內。由於挖礦需要大量電腦資源，黑客們便大量入侵這些電腦為他們免費挖礦。惡意程式亦可以直接更改電子錢包的地址，把使用者錢包內的貨幣直接盜走。所以每次安裝不明來歷的電腦軟件時都要十分小心認證清楚，不要輕易下載及安裝陌生的軟件。

筆者有一個可怕的經歷，剛剛把一部挖礦機安裝完成時，把它放在一個數據中心內，連上網後，準備開始挖礦。數小時後，上網檢測挖礦的數據，竟發覺挖礦機被「騎劫」了。黑客們很聰明，把原先連在挖礦機的電子錢包地址，改為黑客指定的地址。那麼我們便成為他的「奴隸獸」，永遠為他們挖礦，真是寄生蟲。因此讀者們要常常監察着自己的挖礦機，不要被黑客利用。

市面上有很多第三方程式監察虛擬貨幣的市況，亦有提醒用戶的買賣指示，更有交易機械人幫用戶快速買賣虛擬貨幣獲取利益。這些程式都要求用戶輸入個人資料、交易所資料甚至電子錢包的地址，所以黑客們會千方百計騙取用戶下載這些有毒軟件，盜取用戶資料，繼而盜竊數碼資產。所以筆者再三勸喻用戶們不要隨便下載及安裝這些惡意軟件。若果真的需要這些軟件幫助工作的話，也要做足功夫，安裝一些有口碑的大公司軟件。切記！

第四章

虛擬貨幣投資

股神巴菲特說:「我沒有任何一枚比特幣，也沒有虛擬貨幣，未來也絕不會有。」

為甚麼股神不參與虛擬貨幣這個市場呢？

1. 股神巴菲特只投資熟悉的東西，運用獨特的眼光，瞄準他熟悉的市場，以作出長期投資部署。這就是他的致富之道。他說要投資自己了解的東西已經不容易，為甚麼要去投資一些自己完全不懂的東西呢？

2. 巴菲特認為從價值上看，這些比特幣不值得投資。他投資的方向一直都是尋找能夠透過生產來創造價值的公司。雖然虛擬貨幣是設計作交易的工具，但是現階段用途有限，沒有真正的市場價值。

3. 他認為虛擬貨幣不能成為持久的交易媒介，亦沒有保值的作用。所以這個「貨幣」的前景有限，而巴菲特不會做短期的投資或投機炒賣。

如果是這樣的話，我們應否投資虛擬貨幣呢？

4.1 為何參與虛擬貨幣投資

相信讀者們購買這本書的其中一個主要原因就是想了解怎樣投資虛擬貨幣而獲利。眼見過去幾年，身邊有不少人，尤其是那些所謂的新人類，只是無意之中做少量投資，已獲得巨額回報。幾年前，更有一些年青人下載了這些挖礦程式，在他們的遊戲機內嘗試挖礦，現在手持幾百個比特幣，不知不覺成為了小富翁。在過去兩年，幣值由幾千美元一路升到 2021 年年中的 5 萬多美元，雖然在 2021 年的年尾價格回落到 3 萬多美元，但之後幾個月內，已收回失地，創 6 萬多美元的歷史新高位。現在比特幣的價格處於鞏固期，但不難想像下一個上升軌跡正在形成，下一個歷史高位很有可能在不久的將來又再出現。女股神 Catherine Wood 更預言比特幣的幣值將會到達 50 萬美元的瘋狂價格。試問在這個環境下，有誰不瘋狂？

儘管報章把比特幣及其他的虛擬貨幣比喻為當年的鬱金香狂潮，並預言不久的將來，泡沫會爆破令大多投資者傷亡慘重。更有人認為這個是世紀大騙局，是某些黑客大莊家在推波助瀾。但審視如今各大城市的現代經濟發展，人們每天都看到各種大型交易所廣告牌如雨後春筍般轟炸着整個城市，比特幣、以太幣、狗狗幣等等的牌價已經成為新聞報道的主要一環，更甚的莫過於 NFT 的出現，數碼藝術品有價有市地炒賣着，各大科網巨企更推出元宇宙概念，並預言下一個世界首富將會在元宇宙誕生。在這樣的氛圍下，有能力及膽量的人會第一時間把握這個機會向前衝，就像當年去美國西部掘金的人一樣。說到底鬱金香何時會爆破沒有人知曉，但擺在眼前的就是一個給年青人掘到第一桶金的機會 —— 有誰能抵擋這個魅力？

人對於不能理解的東西和不確定的未來都很容易產生憂慮和恐懼，最簡單的解決方法就是把它忘記，或者消極地逃避。亦有人會找一些藉口把它神怪化，為自己不想面對而找一個合理的開脫理由。筆者觀察到現今社會有很大部分的人都採取「駝鳥政策」來處理稱為虛擬貨幣的新事物。亦有不少人把虛擬貨幣和世紀騙案畫上等號。總之，不懂的東西就最好不要碰它，這就最安全 —— 不做不錯！我們剛出生的時候都是甚麼都不懂，連走路、說話都不會，最後我們經過不斷學習、實踐，最終也可以在這個複雜的社會裏生存。若果說不懂的東西就不去碰，那麼我們的活動空間將會每日遞減：不會用 Uber 叫車，又不敢用網上理財轉賬，更加不懂基因工程，但是每日到街市買的瓜菜全都被基因改造過……單單舉幾個例子，就已經發覺我們身邊存在着太多不懂的東西，其實我們不懂的比我們懂的多得多了。我們應該怎樣去對待我們不懂的東西呢？當然可以選擇消極地不碰它，但也可以主動去認識它、學習它。當你學懂了一件事的時候，你會發覺你已邁進另一個世界。你的勇敢和努力為你打開另一扇門，帶領你到另一個境界，並將會從一個更高的緯度重新理解這個世界。

在 21 世紀，「創造價值的生產」不會再單單被定義為「製造業的工序」，意思就是價值的創造不再需要像傳統產業一樣製造出來。在新經濟下，擁有數據、懂得處理數據就可以創造價值。未來的去中心化將會對現在的公司制度帶來衝擊，人類的創作將會以 NFT 和數碼資產的形態出現，不久的將來，工作、會議、集資及各種各樣的商業活動都很有可能在元宇宙內完成。在未來世界，投資不一定局限於公司的股票，我們可以在 Sandbox 用虛擬貨幣買一塊虛擬土地，也可以用人工智能（Artificial Intelligence, AI）創造一件數碼藝術品，再以 NFT 的方式把它賣出去賺取虛擬貨幣，再把虛擬貨幣存放在交易所內賺取利息……這是一連串數碼經濟活動。

比特幣的價格一直被追捧着，被譽為網上的黃金，它一定有某種魅力令人着迷 —— 擁有比特幣就是身份的象徵。就像你買一個名牌手袋掛在手臂上、加入某個富豪俱樂部，也是身份的象徵。所以身份象徵，或者如 Apple 推廣的「用家感受」（user experience）般，是有其價值的。隨着 2021 年，NFT、數碼資產及元宇宙的出現，就更加賦予虛擬貨幣的生命力。從此，虛擬貨幣變成為真正網絡上的貨幣，元宇宙的交易媒介不再是被盲目炒賣的「鬱金香」了。

實際上，我們感受到虛擬貨幣正在影響着全球，比較勇敢及有前瞻性的人已經在動腦筋研究，筆者建議各位要多接觸、多了解，密切觀察整個虛擬貨幣的技術發展、市場變化和不同的衍生產品，亦要參加研討班、加入討論區，認識多一點志同道合的朋友，更可以做小額的投資或投機，但必須要控制風險，從而獲取第一身的寶貴經驗。

4.2 如何釐定虛擬貨幣的價值

近代經濟學就推崇利用市場的無形之手令供求得到平衡，不需要政府無效率的人為干預，如西方社會崇尚自由的風氣就是推動虛擬貨幣發展的背後動力。去中心化、逃避政府干預、降低交易成本、有可追索性但匿名的交易、不可逆轉而可永久保留的賬目記錄等，這些都是大多數人對虛擬貨幣的理解；不過，你有沒有想過為甚麼世人會追捧虛擬貨幣呢？換句話說，是誰賦予虛擬貨幣的潛在價值？虛擬貨幣的內在價值又是甚麼？

要回答以上問題並不容易。人們追捧一樣東西有很多原因，最簡單的說法就是這樣東西會為他們帶來某種滿足，這種滿足感可能是來自一種擁有慾，或者是這樣東西會使他們對未來更有安全感。就虛擬貨幣而言，擁有這種「潮物」的滿足感是存在的，因為擁有比特幣就是身份的象徵、潮流的領先者。從供求（demand and supply）的問題來考慮，很多種類的虛擬貨幣都是稀有限量的。回看它的歷史記錄，幣值都是一直上升，已經升了不知多少倍呢。投資虛擬貨幣，夢想會再次帶來過萬倍的豐厚利潤，可能這就是世人追捧它的原因之一。還有一個往往被人忽略的重要因素在背後加強虛擬貨幣的吸引力，就是它有無限分割的可能性（比特幣最小單位是 0.00000001 枚比特幣），在香港購買股票是要一手一手買入，意思是它有一個最低的數量要求，造成了一個入場的壁壘（entry barrier）限制了入場的人數及投資意慾。不要小看這小小的障礙，對新興的虛擬貨幣來說足以令初學的投資者卻步。所以虛擬貨幣的可分割性會令交易過程更加靈活和便利。另外，人類喜歡黃金就是因為它有一種永恆性，所謂真金不怕洪爐火，黃金不容易被毀滅，更不容易氧化，所以人們相信它擁有永恆的價值。相同的原理，虛擬貨幣亦是永恆地在網絡上存在着，它的去中心化和不可逆轉性令它擁有「不死之身」，不可被毀滅。這亦是人類渴望擁有的一種永恆存在，而這種永恆是淩駕於地表上的所有政府和法律之上的，無論在甚麼環境下，你所擁有的虛擬貨幣都不會被充公或註銷，永永遠遠屬於你的。

這是一串沒有實體的加密數字，那麼它可否有價值呢？可否用作實體交易的工具呢？人類一直都有着這樣的一個心魔，沒有實體就好像沒有價值。原始人利用貝殼來做交易憑證，證明自己的購買力。在中世紀，人們通過金幣、銀幣這些實體的錢來成功進行交易。在現代社會，交易就不需要用現金交收，用信用卡、網上付款等等的手段來進行銀行體系轉賬支付。其實交易過程並不需要有任何實體的交收、不需要有真正的現金往來，其實錢不過是一堆數字而已。錢根本就是無形的，它的內在價值只是人們對它信心的投影。

虛擬貨幣不像法幣，沒有政府操控其面值，它的潛在價值取決於市場上對它的供求關係。又用比特幣作為一個例子：比特幣是由挖礦而產生，他的上限是 2,100 萬個，而每四年它的產量就會減半。在 2019 年 12 月，比特幣已經開採了 1,810 萬個，按目前的開採速度來算， 2040 年左右就會開採完最後一個比特幣，因此比特幣的供應是越來越少，但是人們甚是嚮往擁有比特幣，令比特幣的需求越來越大，從而推高它的價格。由於比特幣的有限供應性，所以它亦被視為與黃金一樣的地位（被譽為網絡上的黃金）。至於比特幣，或者普遍的虛擬貨幣，需求主要來自保值抗通脹、升值預期的投機和交易的需要。在 2021 年前，大多數的虛擬貨幣投資者都抱着投機的心態期望有倍數增加的回報，但後來由於 NFT 的興起，開始有幾億美元的數碼藝術品及其他數碼資產在網絡上交易，從此虛擬貨幣就有了它的實際應用價值，真真正正成為網絡上的交易貨幣，這就是它實在的潛在價值。

市場上已經有幾千種不同的虛擬貨幣正在運作中，除了最大的比特幣外，跟在後面的還有以太幣（ETH）、泰達幣（USDT）、瑞波幣（XRP）、狗狗幣（DOGE）等等，數不勝數。它們各有獨特性和市場定位，很多貨幣背後有各自的交易平台作為後盾，所以存在着互相競爭的關係。儘管虛擬貨幣市場價格整體都是向上升，但它們的價格都會有相對性的升跌，投資者一定要小心處理。另外，雖然虛擬貨幣沒有實體，但它們亦有生產成本，譬如挖掘比特幣就要投資電腦設備，每月要繳交昂貴電費，亦要繳交網絡費用；很明顯，貨幣價格與其邊際生產成本有直接關係。意思就是生產成本會直接反映在虛擬貨幣的價格上，投資者不可不知。

現在可以說是虛擬貨幣的戰國時代，由於這是一套全新的概念，完全沒有案例可以參考，大家都是一起在摸索，所以各國政府還未弄出一套法律標準來規範整個虛擬貨幣的發展。每個國家對虛擬貨幣的態度都很不一樣，例如：有些南美國家，如薩爾瓦多不但歡迎使用虛擬貨幣，甚至把比特幣升格為它的合法流通貨幣。美國政府亦比較積極，將之視之為一種金融工具，千方百計想把它規範化，並且研究如何徵收稅款，增加財政收入。在亞洲方面，中國政府把所有虛擬貨幣，無論是挖礦、儲存、交易都視之為非法，更把整個虛擬貨幣市場踢出中華大地；而新加坡及日本也比較正面看待整個虛擬貨幣產業，它們想先拔頭籌，早一步霸佔整個市場，因此立例容許交易平台的發展，發展金融科技（FinTech）技術，並與現在的金融產品掛鈎。對投資者來說，亂世往往就會出英雄，現在看來西方社會都是越來越向着符合虛擬貨幣的方向發展，並且繼續打開 NFT 的大門，甚至元宇宙。這是一個全新網絡產業的新時代，也是英雄輩出的好時代。可以想像，在不久的將來就會有大量的衍生工具減低入場門檻，製造更多投資機會，亦會增加槓桿比例，同時虛擬貨幣尤其是比特幣的需求亦會增加。由於龐大市場價值的吸引力，你會見到只需一個消息刺激，虛擬貨幣就很容易波動，如某個名人若宣布要追捧一種貨幣，該幣就會大升幾日，最佳的例子就是麥斯克（Elon Musk）在 2021 年 2 月宣布 Telsa 的電動車可以用比特幣支付購買，他同時購入了 21 億美元的比特幣，因此比特幣的價格大升起來。但是他又在同年 5 月 13 日以比特幣不環保為由，暫停比特幣作為購車的付款工具，可想而知比特幣的價格又大跌了。比特幣就像坐過山車一樣，價格起起跌跌。由此可見，虛擬貨幣的價格波動性很大，投資者一定要知道這個特性，安排自己的投資策略。

4.3 投資獲利渠道

投資虛擬貨幣有很多不同的渠道，五花八門。其實所有投資都一樣，首先要了解自己的目標及可承受的風險，然後建立自己可接受的投資策略。策略不是一成不變，而是要隨機應變，隨着市場的變化而轉換，最重要是嚴守止蝕位，減低及控制風險，理性戰勝感性，那麼在投資市場上就戰無不勝。

所謂最好的投資就是投資自己，因此一定要學習如何管理財產和運用資金，哪些資產可以投資，資產的性質、投資策略以及哪些投資方法最有效率。第一步要了解資產投資是一個長期部署，這筆投資的資金短期內不能動用，所以要安排一筆大約能支援你六個月至一年的生活費作為儲備金，那麼你就沒有後顧之憂，不用賤賣資產。

對大多數的讀者來說，第一種認識到的虛擬貨幣應該就是比特幣，但是在市面上有數以千計的虛擬貨幣，令人眼花繚亂，不知如何分辨各幣種。早期的虛擬貨幣或多或少都是抄襲比特幣，隨着時間的演進，現在的虛擬貨幣已演化出不同種類的幣種，各自有明確的定位和功能上的分別。和股票市場一樣，它們各自有自己的板塊，不同板塊的虛擬貨幣都會在不同時間被輪流炒作，所以認識這些板塊對投資者來說是無往而不利。

1. 中本聰的「徒子徒孫」：如萊特幣（LTC）、狗狗幣

（DOGE）、萌奈幣（MONA）等等，它們主要都是抄襲比特幣的概念，走 PoW 路線，需要用大量電力及電腦資源來挖礦。比特幣的供應數量是有限的，只有 2,100 萬枚，屬於稀有貨幣，所以幣值得到市場支持。

2. 以太幣和以太坊：如以太幣（ETH）、EOS、波場（TRON）等等，以太幣的市值現時排行全球第二，它沒有數量上的上限，所以不算稀有。以太坊的目標是建立一個公開的區塊鏈平台，提供一個友善（user friendly）和開源（open source）的發展環境（development environment），讓不同的去中心化應用程式（DAPPS）在上面發展和運行。以太坊的功用不只是作為交易支付，更重要的是支援被廣泛應用的智慧合約，簡單來說，智慧合約就是自動執行的合約規則。

3. 穩定幣：如泰達幣（USDT）、USDC、PAX 等等，都是大家熟悉的穩定幣，顧名思義它的幣值相當穩定；用泰達幣作為例子，泰達幣基本上是由 Tether Limited 這間公司以 POR（Proof of Reserves）算法來發行，用戶存入美元同時換取等額的泰達幣，這樣就保持了 1 美元：1 泰達幣，方便轉賬及支付，同時兼備法幣與虛擬貨幣的優點於一身。值得一提，泰達幣不是去中心化，相反是加強「中央集權」，因此它有中央集權類型的風險，例如會受公司的營運能力和情況影響。

4. 匿名幣（Privacy Coin）：門羅幣（XMR）、ZCASH、達世幣（DASH）等等，是種私隱度極高的虛擬貨幣，擁有者的地址及交易量會被遮蓋；和比特幣完全相反，比特幣的交易資料全部寫在區塊鏈上，透明、公開。

5. IOTA：是一種物聯網的虛擬貨幣，運用一種叫做 Tangle 技術實現去中心化、規模化、免手續費等等的好處，非常適用於資料交換、微型支付、智慧城市等多方面的應用。

6. 社交媒體的貨幣：STEEM 、HIVE 、LIKE 等等，是一種用來獎勵創作者的虛擬貨幣，為媒體創作人提供多一種廣告以外的收入。

7. DeFi（De-centralized Finance，去中心化金融）：如 YFI 、MKR 、SUSHI 等等，就是利用區塊鏈科技進行金融上的交易、商業票據、借貸等金融服務，這類型的虛擬貨幣有點像 PoS，採取持幣者投票決策的方法來決定整個業務上的發展，還可以收取平台佣金和手續費。

8. 資產掛鈎的虛擬貨幣，有時亦稱之為「錨定資產貨幣」：XAUT 、PAXG 等等，都是與現實世界中的某些資產掛鈎，例如黃金，有些像以前的金本位貨幣和穩定幣。這類型的資產大多數都不是去中心化，而是由第三方機構監管並定期審核確保幣值的價錢。最大的價值就是方便在虛擬世界裏買賣實體世界的資產、簡易化資產交易和逃避監管機構。

9. 證券型代幣（Security Tokens）：NEXO 等等，是利用區塊鏈技術來發行與證券相關的虛擬貨幣，亦可以聯想成證券虛擬化，必須有證券監察機構監督着。雖然這個板塊正在處於上升軌道，但現時仍在啟蒙時期，不斷會有更新和改變，政府亦不斷調整其監管方式，情況相當複雜。因此，筆者認為這個板塊不適合初學者參與，敬請留意。

以上只是冰山一角，例如 Sandbox 一直發展區塊鏈上的遊戲並以自家開發的虛擬貨幣 SAND 作為玩家的代幣，更利用 NFT 這個契機把遊戲內的虛擬土地拿來拍賣，搖身一變成為首屈一指的數碼資產，每次拍賣都大賣。第二個傳奇人物就是 Solana，他的發跡史在於看準一個低入場門檻、低收費、快速高效的區塊鏈平台，讓每個有興趣參與這場遊戲的人能輕鬆加入，而它所用的虛擬貨幣就是 SOL。其實每種虛擬貨幣都存在着互相競爭，它們都各出奇謀爭奪市場佔有率，還有不斷的新發明陸續出場。但最低限度大家都要明白，每一種虛擬貨幣都會隸屬於某個板塊。而每個板塊都有它的獨特性，有些貨幣因有限供應而具有稀有性，有些不是去中心化，更有些是偏重於智慧合約的應用，所以投資者必須要清楚每種虛擬貨幣的特性才作出投資決定。

以上對初學者來說可能會有點吃力，在此筆者簡單的給投資者一個錦囊：先留意最大成交量的 20 種虛擬貨幣，把它們的屬性及相應的板塊了解清楚，從中揀選幾種作為初試牛刀之用。和股票一樣，這些虛擬貨幣就像藍籌股，有足夠的支持者和成交量。就算價格不幸下跌，在一定時間內都會有回到「家鄉」的一日，因此風險相對較低，可以用作初次嘗試。就算是全球最大成交量的比特幣，它的單日波幅都可隨時達 20%，其他較小規模的貨幣波幅更可以達到數倍或以上，對初學者來說已十分觸目驚心。

當有足夠理財能力，對虛擬貨幣及其板塊有相當認識後，就可以開始了解每個投資策略。

長期持有等待升幅

無論你是從網上平台，例如幣安或 Coinbase 購買到一些虛擬貨幣，或者自己成為礦工，挖掘第一桶金，甚至有朋友送你幾個比特幣。無論你的虛擬貨幣怎樣得來，最簡單的盈利方法，就是把這些虛擬貨幣放在錢包裏，甚麼都不用做，等待幣值上升。可能你會覺得這種方法很荒謬，因為所有投資都是可升可跌，沒有人會保證你的投資一定賺錢。

綜觀歷史發展，你可以發現當一個新發明成功推出市場，而又被當時的社會接受，這個新發明就會在以後的幾十年高速增長，直到市場飽和為止。由此可見，比特幣及其他的虛擬貨幣的勢頭只是剛剛開始，我們深信在未來的十多二十年裏，它會有着高速增長的發展。

以比特幣為例，2014 年的幣值只有 500 美元，一直上升到 2021 年 4 月 14 日的 64,800 美元。但之後幾個月幣值又下調至 3 萬多美元，令很多國際礦工對虛擬貨幣失去信心。但在 7 月之後，幣值又再次上升，直到 2021 年 10 月，比特幣又升到 55,000 美元。

其他的虛擬貨幣也有這樣的上升趨勢，升幅遠遠超過傳統的股票、基金、債券等等的投資工具，這就是虛擬貨幣的吸引之處。

第一個最傳統的投資方式就是親身做礦工，自己購買挖礦機來挖礦，多勞多得，很有滿足感。這樣的投資風險相對較少，可控程度較高，並且每日都得到回報。但是其缺點是只可用 PoW 的虛擬貨幣才有機會掘到，用其他共識機制的貨幣就不能用挖礦形式來賺取報酬，不是多勞多得。

當你完成一番調查後，發現一種有潛力的虛擬貨幣並想投資，假設是 Sandbox（SAND），由於它拍賣虛擬土地相當成功，根據你的估計，價格很有可能會由現價 USD3.15（2022 年 3 月 19 日）升回到三個月前的技術高位 USD6.8。你發現 SAND 好像不可以用挖礦機來挖掘，就算可以，時間也不足夠，所以最簡單的方法就是到交易所用信用卡購買穩定幣，如泰達幣（USDT），然後等待比較好價錢的時候兌換 SAND 作中長線持有，等待價格升值。若果你想安全一點，你可以把這批新買的虛擬貨幣存放在冷錢包內，作較長的收藏。當價格升到目標價錢，在從冷錢包取出放到交易所去兌換回穩定幣，賺取差價。這就是最簡單的投機獲利。從歷史圖表看到，只要長期持有這些交易量比較大的有實力虛擬貨幣，回報率可達數以百倍千倍。因此，從現在開始在自己能力範圍許可下，慢慢蒐集有實力的虛擬貨幣作為長達 3 年、5 年甚至 10 年長期持有，這種策略應該是無懈可擊。

捕捉市場波幅，買賣虛擬貨幣

當然，我們亦可以像傳統的股票一樣捕捉虛擬貨幣的升幅，就好像以上的比特幣。我們在 2021 年 4 月高位的時候沽貨，又在 7 月份入市買回比特幣，捕捉這一次升幅獲利已不少。

除了以上用美元或港幣買賣比特幣賺取差價，我們亦可以更進取地利用其他虛擬貨幣，譬如以太幣來做轉換，這樣捕捉的波幅可能會更大，並且在交易平台裏的手續費更便宜，獲利更多。

這種短期追逐波幅的投機獲利方法，可以同時購入與賣出多隻虛擬貨幣，加強盈利機會，當然風險同時亦大增。其實這種投機活動的風險相當大，當市場出現相反走勢時，你所購買的股票價格低迷，不能獲利，那麼你的資金便會被捆綁着，要等候大市上升，才可解放你的資金。其實這種局面在傳統的股票投資中已有很多處理方法，讀者可以在網上或者書本內找到很多不同的策略來減低風險，筆者就不在這裏再重複。

虛擬貨幣都有利息

寄存在網上平台的虛擬貨幣，其實還有一種二次投資可以同時進行，就是放在交易所內收取利息。跟你在現實世界裏持有外幣，而放入銀行收取利息一樣，同時亦等待外幣價格升值，「有升又有息」。但主要的分別，是在虛擬世界裏利息非常高，有的交易所或熱錢包會給出百分之十或以上的年利率，有時更會出現幾十個百分比的升幅。這就視乎哪種貨幣、存放時間和哪一間交易所或熱錢包，讀者可以細心上網分析。但要注意的是，有時付給你的所謂「利息」是要以指定的虛擬貨幣作為交收。亦有部分的交易所或熱錢包提供高息之外，也有以每小時結算的功用，意思就是每小時給予利息，這樣十分方便並且風險較低。

虛擬貨幣的衍生工具

大多數交易所除了直接現貨買賣虛擬貨幣外，都有提供借貨沽空、槓桿交易等等的衍生工具服務，例如期貨合約和期權交易等等。其實它們有很大分別，衍生工具都有着強槓桿作用，要購買一個比特幣往往需要數萬美元，但是寫一份差價合約只需要動用很少的資金就可交易等價的資產。這些衍生工具亦可以提供雙向對沖作用，無論是在牛市或熊市，都可以使用更複雜的交易策略來保護資產，所以礦工和持幣者都常用合約來做對沖。這些金融工具是相當有用的利器，但是要充分利用它們的好處並不容易，讀者們要慢慢學習多加研究，無論在虛擬世界或現實世界都獲益良多，在投資道路上無往而不利。
2017 年，隨着比特幣受到各界關注，報章開始炒作，虛擬貨幣世界出現 ICO 熱潮，所謂 ICO（Initial Coin Offering，首次代幣發行）是一種集資的方式，很像傳統的股票 IPO（Initial Public Offering，首次公開招股），讓計劃創辦人發行虛擬貨幣（或稱為數碼代幣）來換取知名度高的虛擬貨幣或法定貨幣，支援區塊鏈相關的研發項目。當項目發展成功，這虛擬貨幣會流通於各大交易平台，幣值價格升高，首次認購的投資者就有機會獲得豐厚利潤。

利用 Fintech 提升挖礦能力

另外一種更直接提升獲利的方法是增加挖礦的能力，我們可以升級（overdrive）所有 GPU，令其挖礦能力提升。

由於在不同時候，每一款 GPU 對於各種虛擬貨幣的挖掘能力都會有所不同。所以我們現在會利用人工智能實時調配 GPU 來挖掘。具體來說，就是每秒鐘都轉換挖礦機去挖掘最有效率的虛擬貨幣，爭取最大利潤。這個過程中，最大的困難就是需要大量的數據及製作一個高效能的人工智能系統。

4.4 用機械人對付虛擬貨幣

隨着近年 Fintech 的大力發展，已經有很多成功開發的機械人軟件捕捉虛擬貨幣的短期波幅，更利用人工智能技術分析過去幾年市場上價格的大數據，並找出升市及跌市的規律，從而制定買賣的必勝方程式。自動炒賣虛擬貨幣機械人的運作原理是利用機械人極有紀律地重複執行指令的特性，來執行 24 小時頻繁低買高賣的盈利策略。這種機械人十分適合用作短線炒賣虛擬貨幣，買賣虛擬貨幣的交易所是 24 小時不停運作，跟傳統股票市場每天只有幾小時交易時間完全不同，所以炒賣虛擬貨幣更有效率。翻查歷史數據，一些具規模的虛擬貨幣其價格都在特定區間內上下擺動，不會持續直線上升或下降，都是來來回回上升下降，我們就要利用這個特性來捕捉每個細小波幅，從而獲利。坊間有幾十種這類型的機械人以 PaaS（平台即服務）或者 SaaS（軟件即服務）的形式在網絡上提供服務，投資者可以直接上網登記成為用戶，就可以立即揀選合適的虛擬貨幣並且進行快速投機炒賣獲利。隨便上網搜尋一下「Cryptocurrency trading robot」，就有數十個不同類型的機械人如 Pionex（派網）、Cryptohopper 、 Coinrule……任君選擇。

其實這類型的交易軟件，一早就已經被開發出來為傳統的股票市場和外幣交易進行自動對盤，但由於這些市場的交易時間有限並且有最低交易量和昂貴的手續費，所以要有相當大額的買賣，才會有合理的回報。一般來說，只有大戶才有能力使用及操作這些大型交易軟件。但因應現時社會對虛擬貨幣投資心態的改變，令我們都有機會享用這些機械人為我們服務，筆者強力推薦這些機械人作為短炒波幅之用。其實追逐波幅的低買高賣策略並不難理解，困難的地方往往是我們沒有紀律地自我推翻我們前設的規則，因此「損手爛腳」，一敗塗地。原因很簡單，因為我們是人，有人性、會「貪勝不知輸」、迷信，總之不夠理性！但是機械人在這方面就遠勝我們人類，它們會以高度紀律來執行指令。

本章會深入介紹一個筆者有份參與的機械人，讓讀者們充分了解它的運作理論，希望能夠為各位帶來穩定的被動收入。這個機械人叫做「牛魔王」，是筆者一個朋友開發和操作。經過大數據分析後，製造出一個適用於虛擬貨幣快速買賣的策略，當選定的虛擬貨幣的幣值上升了 1.4% 或以上，之後又回落 0.1% 時，機械人就把這個貨幣沽出，收回穩定幣 USDT，鎖定盈利。相反，若果選定的虛擬貨幣價格下跌 2% 或以下，之後又回升 0.1% ，機械人便作出補倉指令，並把補倉金額加大一倍來補償跌幅。如是者，不斷重複以上指令，上升就斬倉獲利，跌市時就加倍補倉，每天重複數百次從中取利。在一般的市況下，選定 2 至 3 種有足夠波幅的虛擬貨幣，並以第一注金額 USDT$20 開始，預算投資約 USDT $20,000 ，筆者的經驗是每天獲利 USDT$100，即利率為 1%。

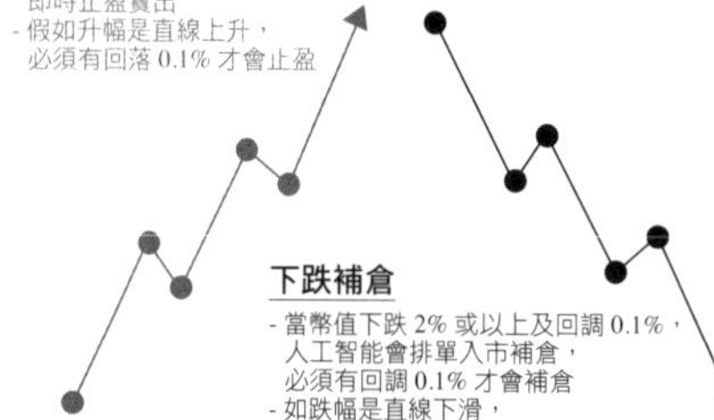

	每單投入數額	總投資額
首單額度	USDT$20	USDT$20
補倉次數：1	USDT$40	USDT$60
補倉次數：2	USDT$80	USDT$140
補倉次數：3	USDT$160	USDT$300
補倉次數：4	USDT$320	USDT$620
補倉次數：5	USDT$640	USDT$1260
補倉次數：6	USDT$1280	USDT$2540
補倉次數：7	USDT$2560	USDT$5100
補倉次數：8	USDT$5120	USDT$10220
補倉次數：9	USDT$10240	USDT$20460

如果可以持之以恆，以日息 1% 複利滾存計算，一個月後的盈利就是 10,000 x（1.01）^30 = USD 13,478，利息為 34%。一年後的盈利就是 10,000 X（1.01）^ 365 = USD 377,834，年息就是 37.7 倍。若果把這個投資進行 10 年，本息合計達 10,000 X（1.01）^ 3650 = USD90T（90 萬億美元），真是天文數字！

所以是否應該要用心去研究清楚呢？

4.5 最好的入市時機

筆者在 2021 年 6 月份的時候，正式思考入市的時機，當時決定立即入市。

為甚麼呢？

筆者在 2010 年的時候已經注意到比特幣（BTC）的形成，但當時只當它是一種遊戲，與「魔獸世界」（Warcraft）差不多，當時挖礦亦非常容易，分分鐘都有幾個比特幣在電腦的後台程式（background program）中跳出來。可是，真的不知道這些比特幣有甚麼用。大多數的朋友當時都覺得這些是電子遊戲的積分，沒甚麼大用途，只是一種遊戲的獎勵。

而到 2009 年 1 月 12 日，Hal Finney 掘到 10 個比特幣，其後又有傳媒報道第一宗比特幣的交易，即 2010 年 5 月 22 日 Laszlo Hanyecz 在美國佛羅里達州用一萬個比特幣買了兩個薄餅，這樣推算一個比特幣當時只值一個仙美金。時間已經來到 2017 年，一個比特幣已經升到差不多 1,200 美元，之前幾年比特幣的價值亦在幾百美元上下。然而，儘管當時已有很多人預言將會有一個虛擬貨幣市場出現，但在當時大眾眼裏，這些虛擬貨幣仍只是一種新興電子遊戲，或者是一個騙局，甚至是一個笑話。還沒承認它是一種認真的投資工具。

2017 年，比特幣的聲勢令它一夜成名，當年年末，一個比特幣升到差不多 2 萬美元。當時筆者沒有興趣去追捧，原因是整個市場還未成熟，看來更像是一個泡沫，不適宜投資。這個想法在 2018 年表露無遺，年初的時候，短短兩個星期內市值跌了一半，最後跌到只剩下 3,000 美元。當時謠言滿天飛，人們對虛擬貨幣失去信心。

而加強筆者對投資虛擬貨幣的信心是 2020 年爆發的新冠肺炎（COVID-19），疫情開始的時候比特幣跌了一半，但是從 7 月開始幣值就一直上升，像火箭一般直到 2021 年的 4 月份，達到 6 萬美元的歷史新高位。雖然 5 月份大市調整，比特幣值跌了一半到 3 萬美元，但是筆者的看法，這是因為中國政府排斥比特幣及所有虛擬貨幣，以及有大戶，例如 Tesla 獲利回吐所致。

其實虛擬貨幣的發明是有史以來人類唯一一種不受各國政府的財政政策（fiscal policy）及金融政策（monetary policy）影響的交易工具，是一種凌駕所有政府政策的特別工具。這個是甚麼概念呢？在這兩年的疫情裏，大多數人都被關在家中，各國的經濟活動都停滯不前，而所有的政府都是採取寬鬆貨幣政策甚至直接派錢刺激消費市場，這樣當然會導致通貨膨脹，銀紙貶值。應對這樣的通貨膨脹，最有效的方法就是投資金融市場、物業市場或其他不動產，靜靜等待升值。這就是筆者對投資虛擬貨幣的理論支持。

第二個問題就是如何投資虛擬貨幣市場。在剛才提及比特幣的歷史裏面，不難看出價格走勢非常飄忽，並且波幅非常大，比起一般股票市場大得多。所以筆者不打算直接炒賣比特幣及其他的虛擬貨幣，因為這樣的危機太大。追逐波幅不是穩健的投資，更不能確保可以用來對抗通脹。相反，筆者用的方法較為保守，只是捕捉虛擬貨幣長期的升軌。這樣的投資概念應該是比較安全和務實，因此筆者只是投資購買挖礦機去挖礦，做一個小小礦工，每天累積一點點虛擬貨幣，一、兩年後，相信筆者擁有的這些虛擬貨幣可能已升值數倍，值得投資。

時機成熟，市場成熟

雖然比特幣是在 2009 年已存在，但真正有像樣的交易，要說到 2017 年了。現在世界上最大的虛擬貨幣交易平台：幣安（Binance）亦是在 2017 年面世，連同已在 2012 年創辦的 Coinbase 及數以千計、不同規模的交易平台，形成一個比較安全和齊備的交易媒介。現在已經可以在不同的交易平台買賣和轉換虛擬貨幣，也可以轉換成各國的法幣，亦有平台連同虛擬銀行發行信用卡來支援消費購物，及在櫃員機提取法鈔。

相比早期用成千上萬的比特幣來私人協議換取薄餅，已是今非昔比！

還有漸趨成熟的交易平台提供一連串不同的金融服務，現在你可以存放比特幣、以太幣及各類型的虛擬貨幣，並在平台上或者熱錢包內賺取可觀的利息，有時年利率可達百分之二十至三十，而且是每小時結算的，十分靈活、方便。亦有虛擬貨幣的期貨、期權買賣，以及借貨和票據兌現，應有盡有，數之不盡。但是這些衍生工具都不適合初學者投資，貨幣價格可升可跌，投資一定要做好功課，切記小心謹慎！

趁低吸納的時機到了

筆者是在 2021 年 6 月份入市的，經歷了 4 月份的歷史高位 6 萬美元一枚比特幣，之後 5 月份的慘跌、大量礦工賣機退市，市場一片愁雲慘霧。有人議論虛擬貨幣已經爆破，永不復再。筆者的看法剛剛相反，筆者認為虛擬貨幣長遠仍有巨大升值潛力，因此當比特幣跌到 3 萬美元時，才正好是趁低吸納，入市的最佳時機。

除了之前所提及的通脹因素，比特幣及其他所有的虛擬貨幣都有很具吸引力的潛在價值，譬如說，超低交易成本、稅務優惠等等，都令虛擬貨幣有長期投資價值；更不用說有人以投資虛擬貨幣隱藏資產，又或避免部分國家的外匯管制，也有人囤積虛擬貨幣等候升幅；國際企業，例如 Microsoft 、 Paypal 、 Starbucks……（Amazon 傳聞會加入）等承認及支持以虛擬貨幣作交易；薩爾瓦多更把比特幣定為該國的法定貨幣，以上種種都會賦予比特幣及其他虛擬貨幣一定的內在價值。

簡單概括，筆者在6月份時認為比特幣的價值已出現低位，但對整個大市仍有信心，相信長遠會保持上升走勢，所以當時入市是最有利可圖，本章撰成之時為2022年6月，回望過去，筆者的決定是正確無誤。

龍蝦事件，歷史重演

在中國發生的「龍蝦事件」再三加強了筆者對投資虛擬貨幣的信心！

事情發生在2020年11月，過去幾年中美發生貿易糾紛，澳洲亦加入這場貿易戰。中國政府對澳洲採取反制行動，停止輸入澳洲龍蝦，因此所有澳洲輸出的龍蝦轉運到香港。從11月到4月，香港成為最大的澳洲龍蝦輸入地，單月升幅達到2,000%。這件事看來與我們關係不大，最多只是影響我們每晚的晚餐餐桌上多一隻龍蝦。但這件看似無關重要的事卻激發起筆者另外一個靈感。在差不多同一時間，中國政府對境內的虛擬貨幣存在感到十分不滿，尤其是浪費大量電能作為挖礦之用。對於中國政府來說，這個浪費是不必要的，而且間接製造污染。同時，亦破壞高度外匯管制，造成外幣外流問題，減低中國政府對中美貿易談判的籌碼。筆者當時已預感國家必然會對虛擬貨幣的挖掘及買賣進行進一步的監管甚至廢除。

從 2017 年起，整個虛擬貨幣的市場，從挖礦到交易平台，甚至貨幣價格，都強烈顯示出有中國民眾的參與。在 2020 年，估計中國佔有整個世界的挖礦算力已超過 70%。最大的交易平台幣安（Binance）都是由中國人控制，由此可知，中國人控制了整個虛擬貨幣市場。但是如果中國政府加強管制，所有的挖礦機就不能在中國內地挖礦，這些中國曠工會怎樣做呢？當時，筆者認為即便只有 10% 的挖礦機運到香港，整個香港市場都無法容納，更別說場地和電力都是很大的挑戰。這對筆者來說，是一個很好的商機。

有一部分的中國內地礦工對筆者透露，他們不知道可以如何繼續挖礦，故想把他們的礦機賣給我們，另外一部分的礦工們亦想把他們的挖礦機轉到香港和我們一起合作，兩種方法對筆者來說都是很好的商機。筆者稱這一機遇為「龍蝦事件的翻版」。

NFT 和元宇宙的興起

自 2021 年 6 月開始，虛擬貨幣就不再那麼的虛擬了，因為它實實在在的成為真實的交易貨幣。在網絡世界上，購買 NFT 這類型的數碼資產，有價有市。這樣就提升了虛擬貨幣的內在價值，不再是數字化的「鬱金香」，並且將會成為元宇宙內的交易媒介。從此以後，虛擬貨幣就會成為必要的貨幣。

因此，今天就是最好的入市時機。

第五章

虛擬貨幣的潛在投資風險

無可否認，虛擬貨幣潛在的高升值能力，較為成熟的市場和交易平台，加上現階段幣值處於低水平及上一章所提及的「龍蝦事件」、數碼資產、元宇宙等因素，筆者相信未來對虛擬貨幣的需求將會不斷增加，而現在正是入市的好時機。雖然這是一個千載難逢的機遇，但是，投資虛擬貨幣的風險實在是不容忽視，甚至可以說是危機四伏。在這一章裏，我們要好好分析潛在的危機，並且要研究如何減低投資風險，增加贏面，穩操勝券。

5.1 金融風險

虛擬貨幣市場投機炒賣氣氛非常濃厚，價格波動激烈，投機者盲目炒作消息，一般小投資者很容易蒙受損失，所以承擔着很大的心理壓力。雖然虛擬貨幣原本是設計為交易媒介，但實際上可供買賣的東西實在是不多，只有很少數的貨品可以直接用虛擬貨幣交易，最大的一宗可說是 Tesla 在 2021 年 2 月，透露打算接受比特幣作為交易貨幣，在短短 24 小時內比特幣的價值已升了 12%，更在 4 月份把比特幣推到歷史高位。但在同年的 5 月份，Elon Musk 又把此計劃取消，理由是挖掘比特幣消耗大量能源並不環保，但一來一回之中，比特幣的價格已經歷多次升跌。

虛擬貨幣就是這樣，某個名人的一句說話，一個想法，甚至一些傳言，就能把某個貨幣價格翻倍，更可以把整個板塊推跌幾十個百分比。回顧歷史上，比特幣在不同時間都曾出現驚人跌幅：

2012 年 1 月 12 日至 27 日：最高 $7 / 最低 $4，-42.9%

2012 年 8 月 17 日至 19 日：最高 $16 / 最低 $7，-56.3%

2013 年 3 月 6 日至 7 日：最高 $49 / 最低 $33，-32.7%

2013 年 3 月 21 日至 23 日：最高 $77 / 最低 $50，-35.1%

2013 年 4 月 10 日至 12 日：最高 $259 / 最低 50$，-82.6%

2013 年 11 月 19 日：最高 $755 / 最低 $378，-49.9%

2013 年 11 月 30 日至 2016 年 1 月 14 日：最高 $1163 / 最低 $152，-86.9%

2017 年 3 月 10 日至 25 日：最高 $1350 / 最低 $891，-34%

2017 年 5 月 25 日至 27 日：最高 $2760 / 最低 $1850，-33%

2017 年 6 月 12 日至 7 月 17 日：最高 $2980 / 最低 $1830，-38.6%

2017 年 9 月 2 日至 15 日：最高 $4980 / 最低 $2972，-40.3%

2017 年 11 月 8 日至 12 日：最高 $7888 / 最低 $5555，-29.6%

2017 年 12 月 17 日至 2018 年 12 月 15 日：最高 $19666 / 最低 $3220，-83.6%

2019 年 6 月 26 日至 2020 年 3 月 12 日：最高 $12867 / 最低 $5040，-60.8%

2021 年 4 月 14 日至 5 月 17 日：最高 $64706 / 最低 $31663，-51.1%

2021 年 11 月 7 日至 2022 年 1 月 16 日：最高 $64500 / 最低 $35000，-45.7%

2022 年 6 月 14 日，幣值已跌至 $22,500

以上資料顯示，比特幣的跌幅可以達到 80%，就算在平常的日子，隨隨便便都可以有 30% 的跌幅。比特幣已經是比較成熟的虛擬貨幣，其他二、三線新發展出來的虛擬貨幣，它們的升跌波幅更誇張，數小時內就可以升跌幾十個巴仙，甚至出現幾倍的波幅。當然，有危亦有機，大波幅就意味着可在短時間內有非比尋常的回報，相反，盈利亦可以在短時間內化為烏有，甚至血本無歸。這些巨大波幅的背後，其實意味着貨幣擁有者對虛擬貨幣信心不足，他們投資虛擬貨幣的原因基本上只是為了追求短期的波幅以獲取快速的利潤。雖然有部分投資者會把虛擬貨幣作中、長線持有，但是當市場有不利消息傳出時，他們都很容易失去長期持有的信心，而出現羊羣心理，一窩蜂地把手持的貨幣沽出，恐防造成更大損失。因為在人們心底裏都隱隱約約有一個心理關口，就是把虛擬貨幣和當年荷蘭的「鬱金香事件」畫上等號，恐怕未來某一天，這些虛擬貨幣的幣值會跌到接近零，整個市場會被毀滅。

虛擬貨幣是一種全新的金融科技產物，普通人真的不容易理解，對於不懂的事自然就容易產生自我保護機制。與此同時，價格暴漲背後存在着摸不着頭腦的亂象，好像有幕後黑手在推動整個巨大泡沫，所以投資虛擬貨幣千萬不可以只靠感覺去捕捉短期波幅，這十分危險。尤其利用衍生工具作高槓桿短線炒賣，更與「自殺」無異。

所謂去中心化，就是沒有政府監管，好處在於減低交易成本、去除政府不良政策的影響、防止因濫發貨幣令法定貨幣價格下降、不受通貨膨脹影響等，所以購買虛擬貨幣作保值，就像買黃金、物業等等一樣。但是沒有監管就很容易出現金融騙案，政府又不能出面干預要求退款或凍結資金；不是每一款虛擬貨幣都像比特幣一樣，完全是去中心化，即沒有機構或個人在背後控制，且總發行量只有 2,100 萬個，具稀有性。相反，有不少虛擬貨幣都存在着背後的控制者，他們面對價格不斷上升的虛擬貨幣就會出現貪念，從而製造大大小小不同的欺騙事件，最簡單而直接的就是濫發貨幣、操控價格，甚至直接盜取客戶的資產。但是所有這些金融欺騙行為都因為沒有政府監管而不容易發現，就算被人發現也不容易搜集證據起訴，最終的受害者還是廣大市民。虛擬貨幣交易所同樣有着金融欺詐的可能性，面對每日數以十億計美元的交易額實在太吸引，甚麼種類的欺詐行為都時有發生。這些交易所和傳統的金融機構不同，沒有政府監管，所以若果它們倒閉，投資者就沒有辦法追討。

近日的香港新聞時有報道有匪徒行劫私人買賣虛擬貨幣。因為很多比特幣的買家或賣家都傾向進行私人買賣，一來匯率較好，亦會減低交易費，而且感覺面對面的交易比網上交易安全得多。殊不知，交易的時間和地點，要是被不法分子知道了，就很可能會被行劫，損失慘重。

雖然大家都相信虛擬貨幣在去中心化的過程中不受政府政策影響，是獨立於經濟體系以外的新工具，但是所有買賣虛擬貨幣的機構與人物其實都是生活在實體金融體系裏的，他們的交易策略會受到整體經濟環境影響。所以環球經濟下行風險，絕對會影響貨幣價格走勢。另一個相對大的影響是來自同業競爭，現在已經有過萬款虛擬貨幣登記，有過千款活躍在市場上，每款貨幣所隸屬的板塊都各出奇謀，吸引投資者的注意，可想而知，它們各自的競爭亦相當激烈。因此虛擬貨幣的價格毫無疑問地將會大幅度的波動，投資者必須有心理準備。

投資虛擬貨幣最大的金融風險可能不是在於外界，而是在於個人的投資抉擇與自我控制能力。人性具有貪婪、不理性、不肯認輸及強力報復心理等特質，這些特質都不適用於投資方面。投資是需要理性處理的，在決定了買賣策略、止盈及止蝕位後，就要堅守原則、長期操作。虛擬貨幣是一種非常新穎的金融產品，亦在不斷改進當中，沒有法例監管，所以常常都有很多不同的消息，無論是技術方面或市場的好壞反應、政府的態度改變，甚至是某些名人提出個人見解等等，都會對投資者心理有不同程度的影響。如果投資者沒有足夠定力，很容易就會作出不理智的買賣決定，把預先定下來的投資策略拋諸腦後，輕則錯失投資良機，重者「損兵折將」。

5.2 政策風險

其實細心一想，就很容易理解到各國政府是必然要嚴厲監管虛擬貨幣的發行、交易、幣值及其衍生產品。去中心化和匿名交易這兩種特性令虛擬貨幣很容易被利用來洗黑錢、販毒、走私、非法集資及避稅，更挑戰傳統由政府發行的法定貨幣地位。政府要管制虛擬貨幣的交易有兩大原因，第一，投資者在交易過程中，很容易受騙，蒙受損失，政府的角色就是要執法保護投資者；第二，要進行抽稅和外匯管制。另外，幣值的大起大跌，其中必然有欺詐成分。這亦是政府急需加強管控虛擬貨幣的重要原因，就像監管股票一樣，要確保價格不被操縱，市場穩定發展。政府特別對衍生工具的高度槓桿化作出嚴厲的監管，由於這些不同的合約都存在着非常大倍數的槓桿成分，即有着極高的風險，使投資者甚至是金融機構都未必能夠承受。

事實上，各國對虛擬貨幣的態度不一，有歡迎使用並納入為法定貨幣的國家，例如中美洲的厄瓜多爾，而大多數的西方國家，亦以開放的態度接受這種新的金融產品，只是要有某種程度的管制及徵稅。但大多數有外匯管制的國家，例如中國和馬來西亞，都對虛擬貨幣這種不受約束的貨幣嚴格控制，中國政府更加把挖礦、儲存、交易等等行為全部定為非法。顯而易見，當越多國家接受虛擬貨幣成為它們的法定貨幣時，虛擬貨幣的認受性就越來越強，需求亦會大幅度增加；若果是稀有幣的話，價格上升空間更大，這就是比特幣大幅飆升的原因之一。就算不是稀有幣，例如以太幣等，只要貨幣供應量有所克制，幣值亦依然會節節上升。

中國的政策是把虛擬貨幣趕盡殺絕，所以較早前的比特幣挖礦機全數出口到其他國家，有些繼續挖礦造幣，亦有些賣斷給其他國家，不再挖幣。不過，不是說這些市場從此以後沒有比特幣，它們只是變為地下買賣。許多人利用外國戶口及 VPN 繼續遠程控制這些虛擬貨幣的交易。

至於大多數的歐美國家和亞洲各大金融中心，例如新加坡、日本等等，都比較開放接受這些新發明的虛擬貨幣，亦繼續支持區塊鏈的技術開發，更容許交易所和現有的金融工具結合，所以這些國家的虛擬貨幣發展會有快速的增長，並且相關的法例將會逐步改善，令整個市場趨向透明、受控和保障投資者利益。從這方面看，可預計虛擬貨幣的幣值會持續向上，並成為合法正規的投資工具，就像股票及房產一樣。另一方面，政府一定會在虛擬貨幣身上抽稅，以減低投資者的利潤，從而減少需求，造成幣值下跌的壓力。雖然現在各國政府都沒有一套完備的法規來監管虛擬貨幣的發展，但是這個市場不能獨立於整個金融世界，有很多交易所為滿足客戶的需要聯通實體世界的金融機構發展跨界服務。發行虛擬貨幣信用卡是一個很好的例子，用戶可以利用這張信用卡來作日常的簽賬，亦可以利用戶口內的虛擬貨幣進行繳費。監管機構正在利用現有的金融法規間接控制虛擬貨幣兌換法幣。

當政府要像管制其他金融機構一樣管制交易所時，就意味着各個交易所要有足夠的資金作為資本保證金，交易所的經營利潤將會大幅下降，這就令很多不合資格的交易所面臨清盤，整個市場將會被幾個最有實力的交易所壟斷，將來的交易費必定會有上升壓力。因此投資虛擬貨幣的成本增加，利潤下降，這是必然的趨勢。

發行一款新的虛擬貨幣將會受到一定程度的限制，政府將會有法例規定每款虛擬貨幣都要滿足一定程度的資金保證、交易的透明度及戶口的實名登記，其實在香港要開設一個交易所的戶口，都必須要有身份證或護照的實名登記，所以所有虛擬貨幣的擁有者其實不是真正的匿名，政府有需要的時候是可以從中追查過往記錄，這樣就可以防止洗黑錢活動。

現在已有不少國家準備自行製作自家的虛擬貨幣，它們大多數是利用區塊鏈技術進行運作，但是當中一定有強力的政府機構監管，不會是真正的去中心化，所以嚴格來說它們已經不再是在我們心目中的虛擬貨幣了。

另一個不可不察的危機是各國政府對虛擬貨幣的政策，無論是財政政策、金融政策或者行政管理，都會令整個遊戲規則改變。可能是好的改變，亦可能是壞的改變，一定要做足功課，時常細心觀察，深入了解和分析，找到最佳的應對方法。

5.3 技術風險

所謂最大的技術風險就是用家忘記了其戶口地址和私鑰（私人密碼）。據非正式統計，單單是比特幣已經有超過400萬個比特幣因此而成為永久遺失的虛擬資產。虛擬貨幣的產生是基於去中心化，所以不會有所謂的管理員幫客人重啟密碼，因此一旦遺失密碼就代表永久失去虛擬貨幣資產，不可逆轉。由於虛擬貨幣擁有非常強的加密保護，所以就算用現有的超級電腦進行逆向工程都難以破解及找回這些密碼。筆者有個構想，就是利用現時仍在研究的量子電腦來恢復這些密碼，這個方法當然不容易做，但回報相當可觀。另一個和私人密碼有關的漏洞，和遺忘密碼剛好相反，就是設置一些太容易被猜到的密碼或隨便亂放密碼在一些公開的地方上，這很容易被不法分子偷取，並且直接盜竊你在電子錢包內的一切虛擬資產。

當然挖礦也有風險，挖礦機有可能被黑客襲擊，將掘到的虛擬貨幣存放到黑客的指定電子錢包內，令礦工白做一場。所以礦工們一定要小心，要常常監察礦機的運行狀況，一旦遇到有懷疑的地方就立即重新設置電子錢包。另一個常常遇到但又容易被人忽略的問題，就是礦機運行時所產生的高温。由於冷卻大量礦機的電費相當昂貴，所以很多礦工都只會用自然風和幾把大風扇散熱，但如果進行長時間的挖礦或增加礦機數量，所產生的高溫不但會令挖礦的效率下降，甚至會把整個礦場銷毀，這個風險不可忽視。

隨着虛擬貨幣的幣值不斷上升，礦工、投資者和投機者的電子錢包都鼓鼓囊囊，十分誘人，引得黑客們虎視眈眈。而且，虛擬貨幣是一種極之新穎的金融工具，正處於高度發展中，很多方面都未有相關的規範，防衛黑客攻擊的保護機制更未完善，加上所有交易都是匿名，沒有經過政府認證，因此很容易成為黑客的攻擊目標，也經常被不法分子利用來洗黑錢、走私漏稅及進行欺詐。

另一個更大的技術風險，就存在着整個虛擬貨幣系統之中。雖然中本聰的論文中，指構建虛擬貨幣是完全透明、公平、不可逆轉以及高度加密，整個系統應該是相當安全。但到真正實行時，這個虛擬貨幣機制從造幣到交易，是否真正安全呢？大家都不知道，因為我們沒有參與開發及監控整套系統。投資者只是觀察過往幾年的記錄，感覺上認為比特幣相當安全，對它有信心便投資。但是事實上是否如我們所願呢？不得而知。況且世上還有千千萬萬種不同的虛擬貨幣在運作，沒有人可以保證每種虛擬貨幣的機制和軟件都值得信賴，不會出現濫發貨幣、欺騙投資者、盜竊虛擬資產及個人資料等問題。若果日後虛擬貨幣的用途更加廣泛，例如與現時的支付系統聯網，黑客的攻擊就很可能更猖獗，更可能造成整個金融網絡及支付系統癱瘓。近幾年，常常有黑客攻擊各大公營及私營機構以勒索贖金，並把贖金要求轉換成虛擬貨幣，再存入他們指定的電子錢包內。由於匿名交易的關係，這些黑錢去向往往很難追查，令各國的執法機構相當頭痛。不過，正所謂「天網恢恢疏而不漏」，這些非法行為及不義之財往往都會被捉住漏洞，並受法律制裁，Bitfinex 便是一個很好的例子。

現行的法例並沒有對交易所作出嚴格管制，基本上所有人都可以很容易的開設一間交易所，兌換虛擬貨幣及發行衍生工具，所以對投資者來說並沒有太大保障。因沒有監管機構執法打擊，交易所本身可以輕易作出欺詐行為，亦可以用經營不善為由隨時倒閉，而不對投資者作任何補償。而且，交易所每天都處理着數以億計的虛擬貨幣買賣，但它們的保安系統卻常常發現不少漏洞，吸引黑客攻擊，作為投資者絕不可輕視這些問題。

5.4 交易風險

虛擬貨幣的幣值飆升、網絡保安的問題隱患，加上沒有政府監管，所以經常吸引騙子、劫匪和黑客。這句話可能有點誇張，但實實在在的代表着社會上一部分人的想法。人們對網上交易始終有一定程度的恐懼：第一，買賣雙方，互不認識；第二，交易是隔着網絡進行，若果有任何差錯，將「叫天不應，叫地不聞」；第三，交易全賴一個沒有受政府監管的第三者交易平台，顯然缺乏認受性及公信力；第四，上傳的交易資產存放在交易所內，若果有黑客盜竊也無法追討。因此，這種交易風險令大眾總對虛擬貨幣抱有懷疑。

一個常常會發生的「交易意外」，就是在買賣或轉賬虛擬貨幣的時候輸入了錯誤資料，而造成損失。一般來說，在交易平台上輸入想買的虛擬貨幣的名稱、金額以及數量，之後就要把支出者和收款者的電子錢包地址填上。雖然看來這些資料都很平常，都是從電腦上複製到指定位置便可以，但往往最簡單的地方，就是最容易出錯的地方。要是不幸地填寫了錯誤的資料，又「成功」轉賬，那就麻煩了。因為沒有第三者可以更改資料，這就意味着這筆錯誤的交易，就這樣轉到錯誤的戶口裏，我們只可以接受這一筆損失。這絕對是去中心化的最大缺點。轉賬的另一個麻煩就是需要很長的時間。現在的虛擬貨幣交易記賬全憑礦工處理區塊鏈，有時需要長達數分鐘，甚至十多分鐘認證，這個就是 PoW 共識機制的最大難題。有鑒於此，現時已有新設計的共識機制，例如以太坊 2.0 採用 PoS，把認證時間縮短，相信以後新加入的虛擬貨幣都會把這個問題解決。

第二個風險，就是黑客利用釣魚程式、木馬程式等程式騙取用家的密碼，以操縱他們的電子錢包，或騎劫用家的電腦來盜竊虛擬資產。網上亦有一些虛假的交易平台，看起來和一般大型的交易平台沒有兩樣，因此用戶很容易被欺騙。當你把買賣資料及轉賬地址填上之後，便發覺所轉賬的虛擬貨幣已經落到他們的錢包裏，且無法追究。這個分明就是商業騙案，當然你可以報警求助，但早已有千千萬萬人和你一樣已經報警，不幸的是這些境外網站很難追查，一般都是不了了之。

交易所被黑客攻擊時有發生，例如 Bitfinex 交易所被黑客盜取大量比特幣；除此以外，沒有人可以保證交易所不會監守自盜。交易所缺乏政府監管，操作不太透明，當它經營不善，破產倒閉，用戶的存款就無法追討。所以，過分相信虛擬貨幣交易所，在內存放大量資金並不安全。讀者要切記，雖然都稱為交易所，但是它們跟股票交易所完全不同，股票交易所是由政府監管，有十足保障。而且，隨着涉及的資金越來越大，牽涉人數又越來越多，這些虛擬貨幣交易所應該在不久的將來會和現時的金融機構一樣，受到政府某個程度的監管。其實在香港、新加坡甚至日本，這些交易所不單單是一個網上交易平台，政府是以金融機構的法例來監管，所以會比較有保障。

5.5 究竟要不要投資？

要不要投資的最終決擇是在於投資者的心態是否完備、投資前的資金安排是否充足 —— 是否有足夠的生活費儲備作長期投資、對整個虛擬貨幣的了解是否透徹 —— 投資者對市場資訊及技術知識都要有充分了解。最後，就要看現在是否入市的最好時機，若果答案是肯定，就要作出快、狠、準的投資策略，立即部署，然後耐心等候成果。

常常有人問筆者，現在是否最佳的投資時機呢？其實最佳的投資時機並不是由我們控制，是由市場控制。筆者認為只要做好自己最佳的部署就可以，因為若果我們深信虛擬貨幣這個新金融工具是可以長期發展，有長期的盈利表現，那麼甚麼時候買入都是一個好時機。當然大家都想以最低價購入，最高價賣出。不過我們不是神，手上又沒有水晶球可以準確預測到市場的高低起伏，所以真的沒有辦法可以準確預測到今天買入的價錢是否最好，但其實我們不需要選擇到最佳入市時機，只要我們做好分散投資，常常多準備幾注資金在手作為趁低吸納，那任何時候都會是最好的投資時機。

回想 80 年代的時候，中國吸引外資到特區投資，建設廠房來料加工。雖然當時深圳的人工便宜，地價低廉，政府又歡迎香港人投資，但是當時中國內地正值百廢待興，多數人信心不足，加上基本建設還是相當落後，工人的質素不高，法規又不完整，所以早期沒有太多香港人到深圳投資設廠。但經過多年的發展，各方面條件都變得成熟了，外資的投資額度及範圍都大幅提高。直到 2000 年，內地的經濟發展大幅度飆升，今天中國各大城市的地價、人均工資、GDP（本地生產總值）更是節節攀升。試想想，若果你在 80 年代的時候，有膽量在深圳買了一幅小小的土地，可能當時的價格只是數十萬元，到現在它的價格應該已經升了數千倍。有很多人都說若果當年有在深圳投資，今天已經是一個小富翁了。問題就是歷史怎麼可能重演？其實現在的越南就像當年的深圳，仍然是在剛起步的階段，若果你有足夠的資金、膽量和投資眼光，一樣可以把握這個機會。相信在 20、30 年後，越南就會成為現在的深圳。相同地，今天的虛擬貨幣市場亦是剛剛起步，若果你有膽量、資金和眼光，進行穩健的投資，在 10 至 20 年後，你的投資亦有可能達到數以千倍、萬倍的回報，一樣可以成為一個小富翁。

相信就算今天在紐約、香港、倫敦、東京等等各國先進城市，真正了解虛擬貨幣的人也不會多過百分之十，這些人當中更可能只有一半會參與投資虛擬貨幣。所以虛擬貨幣在現階段只是一個小圈子的活動，但是隨着其吸引力上升，更多國家承認虛擬貨幣，並有更多的商品接受，相信在兩三年後，它將成為具購買力、投資能力和擁有儲存價值的真正貨幣，到時自然會有更多人認識和接受它。它的價值亦會數以十倍的上升，所以我們現在就可以先拔頭籌，領先整個世界，進入虛擬貨幣的世界。

可以預計在不久的將來，由於各國政府推行量化寬鬆政策，貨幣貶值，通貨膨脹將會是必然的產物，所以充分利用虛擬貨幣作為保值工具，應該是一個可行的選項。現時美國已有多間公司把比特幣放進投資組合內並加大比重，機構性投資者亦不斷增購比特幣等有實力的虛擬貨幣。Elon Musk 和 Amazon 都已公開表示有興趣接收比特幣作為支付媒介，與此同時，不斷有銀行及大型金融機構提供與虛擬貨幣相關的服務及衍生工具。不難發現，虛擬貨幣已經一步步成為合格的交易貨幣。

2020 年至今，ICO 和 NFT 等等的活動都把虛擬貨幣從一個短期炒賣波幅的純投機貨品，漸漸變為擁有成為虛擬世界交易貨幣的潛質。有了 NFT 作為數碼資產的認證，從此以後虛擬世界裏的一切資產，無論是一幅圖片、一首歌、一套短片、一件數碼藝術品，甚至是一個概念都可以把變成數碼知識產權並且得到認證，亦可進行商品化；有了這種認證後，虛擬貨幣就名副其實變成一種「法定貨幣」，用來購買這些產權。從更深層次的分析，現在的藝術創作者是相當沒有保障的，當他把創作出來的藝術品賣出去後，這件藝術品無論炒賣多少次、價格如何飆升，原創者都沒有得到任何好處，因為知識產權已與他無關。NFT 的最大好處就是保留着這個知識產權給原創者，當這件藝術品再次被買賣的時候，NFT 的機制會預留一部分的利潤給予原創者，所以原創藝術家永遠都會得到一部分的買賣提成，很明顯所有的藝術原創者都會希望利用 NFT 來買賣他們的藝術品。這種交易模式就給予虛擬貨幣一個強而有力的後盾，推動它早日成為普及的交易貨幣。

現在的虛擬貨幣市場正值萌芽階段，法規不完備、歷史數據不充足，令人們缺乏知識及信心。但筆者深信有那麼龐大的交易量，這個市場一定有發展的潛力。而且市場不斷發展，亦有新的概念不斷湧現，如元宇宙等，政府很快就會把它規範化，並且全面徵稅，以杜絕洗黑錢活動。此後，整個虛擬貨幣市場更會有長久高速的發展，並成為重要的金融體系，屆時投資者便會信心十足。但是，若果你要等到整個市場都已成熟才開始投資，那時候你能得到利益的機會就已經減少了很多，絕對不如今天。

最後，比特幣和虛擬貨幣都應該值得投資，尤其作為長線投資，但是投資涉及風險，幣值價格可升亦可跌，所以必定要有足夠的心理準備和投資策略，並要分散投資，這樣我們才能安枕無憂。

5.6 避險手段

孫子有云：「知彼知己，百戰不殆」，有很多人把這句名言改為「知彼知己，百戰百勝」，其實孫子所說的是，當我們對敵我雙方的情況有透徹了解，就不會容易被擊敗；但是現在很多人誤把這句話解成：「了解清楚後，就必定成功、必定勝利。」這是不恰當的。當我們充分了解自己的情況和投資環境，我們便可以決定下注與否、下多少注、投資哪個虛擬貨幣或衍生工具，還可以決定「止賺位」及「止蝕位」，最後亦可以調整自己的心態操縱整個投資行動，從而確保整個投資不會出現預期之外的損失。但要獲利就不一定是我們能控制的，因為我們不可能控制外在的投資環境、消息傳播、幣值價格波動及政府管制等等，以上因素全都不可控制，所以才要清楚如何進行避險，至於要想在投資中獲利我們是被動的 —— 勝不在我！

第一個最重要的避險方法，就是增加自己對虛擬貨幣及其周邊一切的市場和技術的了解。虛擬貨幣是一種極新穎的投資工具，它正在不斷發展，每日都有新的動向，所以不可以偷懶，每天都要為整個虛擬市場「把脈」，增加自己的知識。更不可人云亦云，以訛傳訛，要多做功課，才無往而不利。由於虛擬貨幣的價格暴漲，大大小小的騙子及黑客都在盯着整個投資市場，他們的招數層出不窮，但總括來說都是利用投資者的貪念及懶惰，為他們度身訂做一些陷阱騙取他們寶貴的虛擬資產。所以，只要不亂貪便宜，小心騙案，並再三思考，就不容易墮落陷阱，蒙受損失。近日常見的騙局是號稱「高回報低風險」的比特幣專案戶口，吸引你帶同你的朋友一起投資；又如有虛假ICO（新虛擬貨幣發行），虛構一個可以賺取幾十倍回報的虛假貨幣發行，騙取投資金錢；或者是弄一個雲端挖礦騙局，吸引投資者購買雲端算力挖礦，但實際上完全沒有算力，只是把新加入的投資款項支付給之前加入的投資者，吸引他們加大投資額，但其實全部都是「龐氏騙局」。

而且，自己的心理質素要夠強。當你對整個市場都充分了解，又對虛擬貨幣背後的技術有足夠的知識，其市場價格的高低起跌便不會動搖你的長期戰鬥心態，也不會被一些外來的消息嚇怕，被莊家「震倉」把你震走。相反，要把握時機趁低吸納，重新部署投資策略。若有投資失誤，就一定要為自己的錯誤反省，不要找藉口，並從錯誤中學習，以免重複錯誤，那麼你所交的「學費」才有價值。雖然過去比特幣的幣值大幅飆升，但投資虛擬貨幣不應該抱着一天暴富的心態，要有長期投資的部署，更要有耐心。此外，也不要有過分的貪念，想着以小博大，「刀仔鋸大樹」，因為過分投資虛擬貨幣的高槓桿衍生工具，風險實在極大。投資收益應是細水長流，每日合理地增長，長期累積而成。

更要緊記不可以隨波逐流，即不要今天見到 A 幣升就買

A 幣，明天 A 幣下跌又崩潰。一定要對該種貨幣有所研究，了解它的價值，清楚自己買它的邏輯是甚麼。只要對選擇的虛擬貨幣有充分了解，認定它的長線發展，那就不怕大市的下跌。若是沒有作出研究和足夠的判斷力，最後心態就很容易崩潰，最終不但不能為我們帶來財富，反而是帶來痛苦。我們一定要訓練出清晰的頭腦，可以分析不同方面的資訊真偽及可信性，然後作出正確的判斷。事實上，每天都會有很多大大小小的資訊從四面八方轟炸你，第一件事要做的就是清晰了解哪一些是正確的資訊，哪一些是「噪音」。先把這些噪音忘記，剩下來就要整理有用的資訊，和你長遠的發展策略作仔細對比。若果需要微調現有的策略，就要當機立斷，作必要的調整，或重新部署。千萬不要胡亂相信哪些名人的說話，很多時候這些言論是為他們自己的利益着想，而放出逆市的訊號。對於這些所謂「消息」，自己一定要再細細思考，不可以盲從附和。

在日常操作方面，要好好保管你的賬號、密碼、公鑰、私鑰、各類型的地址及交易所的網址，並且利用冷錢包保存長期持有的虛擬資產。比較安全的做法就是把大多數的虛擬貨幣放在冷錢包內，因為沒有聯網，所以不易被黑客盜取；把少量需要日常應用的虛擬貨幣放在交易所的熱錢包內，進行操作。若果可以的話，分開兩部電腦工作，一部電腦長期聯網用作上網查詢資料、操作電郵、處理平日工作的事情；另一部電腦就專門利用來操作虛擬貨幣，在不必要上網的時候，把它離網操作，盡可能不下載網上的軟件。若果真的想用投資機械人進行高頻策略投資，大可以利用機械人的雲端服務，建立戶口進行操作，這樣就不必冒聯網風險。概言之，首要任務是遠離黑客。黑客會四處尋找有錢而疏忽的目標，所以要懂得保護資產避免吸引黑客的注意，並且要精明堵截所有黑客的侵擾渠道，警惕所有釣魚與木馬程式，遇到懷疑的惡意程式便立即把它刪除。務必把防毒、防黑客軟件更新至最新版本，盡可能用 VPN 及防火牆上網，以及不要在街上用不可靠的 WiFi 上網。遇到有懷疑的網站，可以先聯絡原網站管理人，得到確認後才進入網站，不要胡亂提供自己的個人資料及密碼。切記黑客必須與你聯網，否則他們就無法進行攻擊。此外，亦要有備份檔案的習慣，盡可能減少網絡數碼足跡，例如只用個人電郵資料進行社交媒體和電子商務購物，便可以減低黑客入侵及網絡攻擊的風險，亦要隨時監控電腦的連線效能，迅速找出黑客隱藏的挖礦程式。

最後，不要過於相信交易所的一切服務，盡量在熱錢包和交易所放置最小的資產。就算想存放虛擬貨幣來賺取利息，也要適可而止，只作小額投資，並時時謹慎減低風險。凡事亦要懂得取一個平衡點，不是說不懂的東西就不要碰它，但是一定要知道風險所在，先用少量金錢投資以吸收經驗。若果輸了，就當作交學費，不會傷到「筋骨」。更要記得，所有的虛擬貨幣、交易所和其他金融機構一樣，都有機會破產倒閉，所以一定要分散投資、分散風險，不要把所有的雞蛋放在一個籃子裏。

第六章

虛擬貨幣的未來趨勢

虛擬貨幣從無人問津到萬眾矚目，只用了不足 10 年時間，與從前西方社會接受紙鈔的時間相比，確是快得不得了。2017 年以前，虛擬貨幣就只得比特幣較多人認識，但都只是將它視為一種新科技。直到 2020 年中，比特幣開始廣受關注，幣值亦有上升趨勢。又由於中美貿易磨擦，中國政府大力打擊虛擬貨幣，因此比特幣的價格飆升到最高位的 6 萬美元。花旗技術分析師 Tom Fitzpatrick 更預測，一枚比特幣可能會升至 318,000 美元，主要原因是供應有限，加上有匿名的擁有權和跨境便利流通等優勢。比特幣的飆升帶領着整個虛擬貨幣進入一個新的領域。本章探討虛擬貨幣在各個領域的未來發展趨向。

6.1 虛擬貨幣能成為主流嗎？

貨幣的誕生是人類思維的革命，貨幣可以是口袋裏的硬幣，亦可以是錢包裏的鈔票，更可以是一張信用卡，或者電腦螢幕上的一個數字；古今中外，貨幣都是以不同形式出現，只要所有人認同它有儲蓄及交換商品和服務的功能，便是一種合適的貨幣。貨幣出現前，古人以物易物，造成諸多交易不便，當物件交易不平均的時候，便用貝殼、穀物、皮毛等作為交易媒介，成為最早的貨幣。

成為主流貨幣要有三個主要特徵：

一、耐用的

貨幣要有耐用性，可以作為長時間的交易及儲存工具。

二、有共識的

人們要有共識，承認這種物品就是貨幣，如農民、獵人接受貝殼作為貨幣，換取穀物和獵物。

三、可互換的

作為早期的貨幣，互換性很重要，如一個貝殼可以和另外一個貝殼互換。

當交易頻繁，貨幣的獨特性及稀有性出現問題，在海灘可以大量發掘貝殼影響貨幣供應，所以人類開始轉用貴重金屬鑄造硬幣作為新的貨幣。以金屬的重量作為貨幣單位來交易物品，以貴金屬製成硬幣更滿足貨幣的三個特徵，並且具有稀有性，不容易影響供應。事實上在過去 2,000 多年來，貴金屬硬幣都是全球各個民族的主要交易貨幣，亦同時促進各個地區貿易往來，唯一改變的只是硬幣上的肖像。

儘管硬幣解決了很多交易的問題，但因它重量較大且較佔空間，為運輸帶來不便；還有，貴金屬的供應量非常有限，導致貨幣發行受到限制，不能夠與經濟發展並進。於是，紙幣慢慢登上歷史舞台成為新款的貨幣。最早的紙幣是由中國的銀號創作出來，人們把沉重的金幣、銀幣存放在銀號內，並獲得銀號的票據作為資金擁有者的憑據，使他們隨時可在指定的銀號兌換回貴重金屬。漸漸地，大眾對票據建立了信心，直接用票據作為儲蓄及交易之用。銀行亦洞悉這個轉變，所以銀行開始發行比存放的貴金屬更多的紙幣，貨幣供應量便可以擴大。從此，這些紙幣便取代硬幣作為儲蓄保值和交易媒介，紙幣因而成為法定貨幣。而在現代社會，發行紙幣則是由政府直接控制。

在 20 世紀早期，美國出現大蕭條後，迫使美國政府在 1977 年把美元紙幣與黃金脫鈎。從此美元的發行與黃金儲備並無關係，美國政府可以因應經濟需要，隨意發行美元。現在你拿着的紙幣已經沒有兌換回黃金的權利，紙幣上的面值只是政府連同發鈔銀行保證其流通價值。隨着通訊網絡的發達，人們把紙幣存放在銀行進行電子交易，如利用信用卡消費、電子轉賬、網上購物等等，從 2000 年開始，電子交易的時代來臨，網上銀行和電子商貿就是這個時代的產物。

自從中本聰在2009年製造出第一枚比特幣以來，一種劃時代的貨幣終於誕生，它不是由中央銀行發行，亦不需要實名記賬，更可以跨國轉賬，完全獨立於現在的金融系統之上。但是比特幣本身具有稀有性，價格容易受市場供求關係刺激而暴升暴跌，在可見的將來其價格的態勢很可能亦會保持現狀，所以比特幣不像是交易媒介，反而更像是一件稀有商品，所以又被稱之為「數字黃金」。

比特幣的出現引發了一連串的虛擬貨幣革命，數以百計的新類型虛擬貨幣以不同的面貌進行ICO（Initial Coin Offering，首次代幣發行），例如以太坊生態系統中的不同貨幣、Sandbox的遊戲代幣、穩定幣（如USDT）等等（作為消費和交易的虛擬貨幣）。這些虛擬貨幣比較適合用於未來的交易媒介。此外，亦出現商品代幣化，如以黃金支持的虛擬貨幣、證券化代幣、房地產持有權掛鈎的代幣等等⋯⋯總之，虛擬貨幣充滿無限想像空間，且商機處處。

從貨幣歷史發展來看，由貝殼到貴金屬硬幣，再到紙幣及電子支付時代，虛擬貨幣好像是理所當然的一種新類型貨幣，並將成為下一個主流交易媒介。就算未必成為唯一交易貨幣，亦必然會是其中一種主要交易媒介，最低限度亦會是虛擬世界中的數碼資產、合法貨幣。事實上，現在不少人已經是一邊用電子支付、信用卡、紙幣和硬幣作為日常消費，一邊使用虛擬貨幣作投資。

從實用角度來看，虛擬貨幣亦很可能成為主流交易媒介。無庸置疑，越來越多人加入虛擬貨幣市場，使用虛擬貨幣作投資或者消費。早期虛擬貨幣只是電子遊戲的獎勵，隨着電子遊戲的不斷發展，亦帶動虛擬貨幣的發展，使之成為一種支付手段。近年來，比特幣亦支援高級奢侈品，由於比特幣的價值不斷飆升，亦同時帶動奢侈品的銷售。現時，全球已經有數萬戶商家支持使用比特幣作支付，相信不久的將來，會有更多的虛擬貨幣加入作為支付媒體。除了支援實體經濟外，虛擬貨幣在網絡上也順利成章地被用作為 NFT、GameFi、DAO、元宇宙等的合法交易貨幣。有了以上的實質功用，虛擬貨幣將不再虛擬，而是實實在在的貨幣，在虛擬世界或在實體生活上，都成為真正的交易媒介。

世界各國政府都積極研究推出自己的數字貨幣，例如中國和歐盟。與傳統的虛擬貨幣不同，它們是由中央銀行發行，並不是去中心化，而是有追索性的實名登記，即等如現實中使用的鈔票的延續。對於政府來說，這些數字貨幣非常方便，交易成本亦相當低，更可防止走私漏稅、非法外匯轉換和洗黑錢等活動。因此這種數字貨幣是必然會出現的，並會成為其中一種主流交易媒介。

我們再用第三個角度驗證虛擬貨幣可否有機會成為主流貨幣。

若果要利用虛擬貨幣作為主流貨幣，換句話來說，就是要虛擬貨幣作為日常生活的交易媒介，便必須滿足以下幾個條件：

1. 交易成本不能太高，最低限度要比現在信用卡或者紙鈔票的交易成本相若。但是現時比特幣的交易費相當高，交易所收取的原料費（Gas）並不便宜，差不多要 0.2%；網絡認證的電費亦要幾美元。因此比特幣仍未是一種理想的交易貨幣。但是利用新的共識機制所創造出來的虛擬貨幣，例如，瑞波幣（XRP）、TRX 、LTC 等等，交易成本相當低廉，絕對適合作為新一代的交易貨幣。

Price - $36,651.54
Market Cap - $680,476,238,879 ($680 B)
Circulating Supply - 18,619,225
Transactions/Second - 3.91
Average Transaction Fee - 0.00024633 BTC ($8.91)

比特幣的交易費是 8.91 美元，交易速度為每秒鐘 3.91 宗交易。

Price - $0.3981
Market Cap - $18,018,281,001 ($18 B)
Circulating Supply - 45,589,527,373
Transactions/Second - 1500
Average Transaction Fee - 0.0165 XRP ($0.006)

瑞波幣（XRP）的交易費最便宜，只需要 0.006 美元，交易速度為每秒鐘 1,500 宗交易。

Price - $0.0327
Market Cap - $2,338,001,235 ($2. B)
Circulating Supply - 71,660,220,128
Transactions/Second - 2000
Average Transaction Fee - 0.813 TRX ($0.026)

TRON 的交易費只需 0.026 美元，交易速度為每秒鐘 2,000 宗交易。

Price - $144.07
Market Cap - $9,747,724,841($9.7 B)
Circulating Supply - 66,413,766
Transactions/Second - 0.95
Average Transaction Fee - 0.048 LTC ($0.007)

LTC 的交易費只需 0.007 美元，交易速度為每秒鐘 0.95 宗交易。

Price - $0.0442
Market Cap - $6,016,392,039 ($6.01 B)
Circulating Supply - 128,233,897,815
Transactions/Second - 0.65
Average Transaction Fee - 1.58 DOGE ($0.07)

狗狗幣（DOGE）的交易費只需 0.07 美元，交易速度為每秒鐘 0.65 宗交易量。

2. 交易時間不能太長，否則無法實時對賬。以比特幣為例，每次交易都要通知所有的電腦節點，所需的時間快則要幾分鐘，如果網絡擠塞，甚至要整個小時。從這個要求來看，比特幣（交易速度為每秒鐘 3.91 宗交易）不適合成為主流交易貨幣的選項，從以上列舉的五種虛擬貨幣資料，瑞波幣（XRP）和 TRON 的交易速度都可達到每秒鐘千多宗交易，所以這兩種貨幣和其他有快速交易量的虛擬貨幣都有機會成為真正的流通貨幣。

3. 要作為結算貨幣，幣值必須要穩定。現時，大多虛擬貨幣一天的波幅都多達 10% 以上，所以不具備作為結算貨幣的工具。但是，在虛擬貨幣的世界裏亦有很多款穩定幣，或者與實物掛鈎的貨幣，這些貨幣便適合作為結算貨幣，亦有機會成為主流貨幣。

4. 要成為商業貿易的媒介，貨幣必須具流動性，供應量亦要和經濟活動相配合。當經濟活動活躍的時候，貨幣供應量亦要跟隨增加，在這方面，現時大多數的虛擬貨幣都是無限量供應，可以配合市場需要及經濟活動，它們都具備成為主流虛擬貨幣的條件。相反，比特幣的缺陷就是它只有有限的供應量，雖然可以解決通貨膨脹的問題，但是其有限供應量的問題可能更大。

5. 交易虛擬貨幣的風險很大。與法定貨幣相比，各國發行的法定貨幣都有國家作為信用保證，幣值相當穩定，而虛擬貨幣則不斷出現各種誠信問題，例如：ICO 騙案及交易所被盜竊、破產的比例相當高，大眾普遍因而信心不足。但是隨着各國政府加強監管和制定發牌制度，加上市場汰弱留強的推動，相信這些缺乏實力、經營不善、混水摸魚的機構將會被淘汰，逐漸地挽回大眾的信心。

從技術層面來分析，以上五點問題都有方法解決，但是亦有一些比較宏觀的結構性問題難以單靠技術解決。首先，每個國家的經濟發展都不平均，各國政府都有自己的經濟策略。如果全球都只用一種虛擬貨幣作為交易媒介，那麼各國政府便不能根據自身的經濟情況而調整經濟策略。另外，虛擬貨幣的分配方式非常不公平，大部分的貨幣只由少數人控制着，相當不合理，若普及使用虛擬貨幣，整個經濟便會落入一小撮人的手裏。由於去中心化的種種問題，現在已經有很多聲音提出要用中央集權的傳統方式進行技術改革，如可以把交易速度加快、改善交易所網絡安全、把交易直接在雲計算中心完成……等等。要重新研究去中心化的必要性，政府的參與似乎無可避免，最低限度都需要政府作出強力監管，始終發鈔是國家大事，牽涉所有人民的財產利益，不可不察。

現在虛擬貨幣正在以前所未有的速度作整合和改良中，發展前景一片光明；但是，虛擬貨幣再完善，都未必比得上現時的銀行體系，現在看來很可能最終得以的虛擬貨幣都是由現有的銀行體系所發行的。在可見的將來，相信虛擬貨幣和傳統的法定鈔票，誰也不能取代對方，並在長期共存的環境中，互補不足，最終兩者共同演變成人類社會最理想的交易貨幣。不難想像，未來硬幣、鈔票、信用卡、電子支付產品和虛擬貨幣，都會同時作為我們的交易媒介。

從以上三方面的分析來看，虛擬貨幣將會成為我們生活的一部分，亦很有可能成為一部分人的主流貨幣，尤其是在虛擬網絡上的應用上。但是將來的虛擬貨幣很有可能是由政府監管，而且政府亦會自行發行沒有去中心化的數字貨幣作為交易支付。真正的結果還需要等待同行評估，推算各種虛擬貨幣會如何整合發展，之後就可以有一個更準確的答案。

6.2 新型財富轉移

首先第一個問題就是為甚麼財富會轉移？若果這是指由財富會轉移貧窮階層，使他們變得富有，相信這種財富轉移是大多數人都欣然樂見的。問題就是出現相反的情況，手持現金的上班一族，他們的財富被轉移到有錢人手裏。基本上，在社會結構沒有大改變的情況下，各司其職，各人的收入與支出都不會有大改變，所以財富不會輕易轉移。但當社會環境出現改變的時候，所謂的遊戲規則就會改變，如舊的社會結構出現變動，傳統的觀念被打破，或者新的技術出現，均會有機會財富轉移。既得利益者會利用他們的權力，改變現時的社會規則來獲得利益，一般的小市民，尤其那些思想保守，不願踏出安全網（comfort zone）的人，就很容易被剝削，這就是貧者越貧，富者越富現象的根源。

很明顯地，這次的科技革新會帶來一個全新的網上產業——虛擬世界的產業、元宇宙的產業；和其他新科技一樣，大眾接納一種新的科技往往需要數以十年的時間適應。和以往改變的遊戲規則不同，虛擬貨幣的出現，是由去中心化這個全新概念揭開序幕，傳統的權貴還未能插手這個板塊，所以就給我們一個財富逆轉的機會。相信大家都清楚看到傳統產業已經被各個財團壟斷，新加入的競爭者很難分一杯羹，所以唯一的機會就是發展還未有既得利益財團染指的板塊，例如高新科技、網上產業及虛擬世界，大家要把握這個機會。很有可能下一個世界首富就在元宇宙裏面誕生。

讀者們可能更有興趣想知道，今次虛擬貨幣引發的財富轉移裏誰是最大的得益者？我們會否是其中一個得益者？答案可以從不同的緯度中探討：

先從入場時間了解誰是最大得益者。在 2018 年前已經開始挖礦的人，現在手上應該已持有幾千個比特幣，市值已經是過億美元，不言而喻，他們已經成為最大的得益者；若果沒有忘記錢包的密碼，他們現在已經是一個小富翁。第二批就是在 2018 年後到 2022 年入市的人，這班人應該是最積極參與的，當中既有賺錢的人，亦有血本無歸的。如果繼續理性地穩定投資，相信這一批人在不久的將來亦會是贏家，最低限度其資本不會被通脹吞噬。第三批人就是相對保守的，現時仍然不敢參與虛擬貨幣的投資，甚至不想了解它，這批人就一定沒有機會分一杯羹，不幸地這批人是佔大多數的。所以從時間的分類來說，已經看到財富將會如何分布。

在空間方面，很明顯地在西方社會，無論是在歐洲或北美洲，對虛擬貨幣的接受能力比較開放，相信在這些地方的開明人士會先拔頭籌，把區塊鏈技術繼續發揚光大，投資在虛擬貨幣及相關產品的人均比例會比其他地方多。而且越來越多商店接受虛擬貨幣支付，帶動整個產業的快速發展及認受性。相信在不久將來，西方國家會對虛擬貨幣作出一連串改革，包括監管制度的提升及金融整合，使虛擬世界成為一個新的產業板塊，進而帶動 GDP 上升。至於澳洲和紐西蘭方面，基本上他們的態度與西方社會一致的。而南美洲對虛擬貨幣的接受能力更是驚人，厄瓜多爾更成為世上第一個用比特幣作法定貨幣的國家，但是這些國家的經濟及科技基礎都不能把虛擬貨幣發展成為一個產業鏈，很有可能成為其他先進國家的避稅天堂，但無論如何，它們的開放政策將會為其經濟帶來不少好處。在亞洲方面，發展就比較兩極性，大多數的國家，例如日本、新加坡、印度等等都對虛擬貨幣採取開放態度，不但大力發展區塊鏈科技，亦積極開拓虛擬貨幣支付及投資服務、改革法例支援虛擬貨幣金融機構等。它們都想利用這個新科技板塊與西方發達國家分庭抗禮。但是中國政府則採取完全相反的態度，徹底禁止虛擬貨幣在境內的任何活動，包括挖礦、儲存、應用及作為支付平台等，更加不容許其相關的金融服務存在。至於非洲國家，始終都無法擺脫持續貧窮及政治不穩定的局面，使其經濟及科技發展難以支撐虛擬貨幣的普及。儘管它們對虛擬貨幣有迫切的應用需要，但由於其銀行服務及支付系統過於落後，所以虛擬貨幣很可能只可以為它們解決一部分的支付問題，虛擬貨幣亦有機會在非洲各國廣泛使用，但可能只是侷限在消費及貿易支付上，發展有限。

因此，從地理環境角度來看，歐洲、北美和大部分亞洲國家都以開放態度對待虛擬貨幣的發展，相信它們會最先成為這一波虛擬貨幣浪潮的得益者，無論是科技發展及財富增長都會有相當可觀的增長，能夠把握這個新時代工業革命，就能持續領先世界。中美洲是最積極發展虛擬貨幣的，一方面想利用虛擬貨幣擺脫美元的壟斷，紓緩債務危機，亦因為非法資金的來往需要匿名進行。至於其他國家的發展看來十分有限。非洲國家主要利用虛擬貨幣作為支付平台以解決地區內銀行服務短缺的問題，但因其科技及金融領域所限，估計不會有太大的發展。而最大問題的是那些完全禁止虛擬貨幣的地方，雖然相比起全球，這些區域不佔多數，但其所佔的人口比例卻是不少，尤其中國，應該是其中最具影響力的，它是全世界上最多人口的國家，也是世界第二大的經濟體系，若果完全脫離虛擬貨幣及其相關的金融產業，很可能會失去未來數十年的發展機遇，其GDP 及數碼科技發展，更可能會因而大大的落後於西方社會。

從年齡階層分類：對於網絡上的新事物，一般來說年青人是比較容易接受的，在這個虛擬世界浪潮下，讀理科的青年人會比較有利，所以在將來的數十年間，這批年青人很可能會是網絡世界的利益既得者，他們會跟隨虛擬貨幣一起高升，就像80 年代的電腦革命一樣，創造了一個新世界給他們發展，他們更可能會開創多間超級科技公司，成為世界發展的主導者。相反對於大多數的中年人來說，他們比較頑固，難以接受新科技，不容易把握這一次虛擬貨幣的浪潮，因此較容易失去這次創富機會。筆者向所有的青年人呼籲，尤其是讀文科的同學，即使你的主修科目或興趣是文史哲，都不可以逃避數學、科學及電腦知識，這些將會是以後最基本的生存技巧，你大可以把它們當成工具，打開你的興趣之門，譬如你對歷史有興趣，電腦就是為你搜習資料最好的工具，又或可用物理知識來理解怎樣用碳 -14 估計古物的年份，數學的用途就更大，用它來估算遺跡的面積、每個朝代人口的自然增長率等等。其實每個科目都有它有趣的一面及應用層面，尤其現在有 Youtube 後，大可以慢慢看相關教學影片學習。

以產業類型分類：傳統的製造業、服務性行業將會被人工智能及機械人取代，從事這方面的工作人員將會慢慢被淘汰，取而代之的就是人工智能和虛擬世界相關的新科技公司，一個很好的例子就是在不久的將來汽車會實現自動導航、自動駕駛的功能，因此不難想像司機的工作將會被取代，此外，快餐店的廚師、即時傳譯員、一般的清潔工人、建築工人等等亦難逃被淘汰的命運。這種社會改革可能會很快出現。金融業也很可能會和虛擬貨幣結合成一個新的產業。人們大部分時間將會生活在元宇宙裏面，在元宇宙中工作、消費、生產等等。而且，新經濟產業將會成為國家 GDP 的重心，且比例不斷上升。

當然不可忽視，政府的態度、政治的取向是最容易改變遊戲規則的。在西方國家、亞洲主要國家和澳紐等採取比較自由的治國理念，對虛擬貨幣及數碼資產持開放態度。受惠於去中心化和匿名交易，比特幣在過去的幾年中已被各國的投資者追捧着，令其幣值飆升數百倍，而吸引了一連串非法活動，如洗黑錢、轉移販毒資金、黑市軍火買賣、走私漏稅等，引起政府部門的強烈關注，並進行多方面的加強管制。因此，可以預計將有不少國家政府會要求所有用戶必須要有實名登記，發行虛擬貨幣要受金融機構監管，所有的交易平台亦必須符合新建立的財務要求並且需要得到政府發牌許可，並且所有的買賣交易要被徵稅等等⋯⋯這些舉措將會令虛擬貨幣不再虛擬。筆者認為，這樣的監管對於投資者來說有危亦有機：最大的危機是從此以後虛擬貨幣的去中心化和匿名交易就名存實亡，有可能令某部分的虛擬貨幣價格受壓，短期內一定不是好事。但從另一個角度看，這個新的金融工具，受監管後將會更容易與現時的實體金融合併，並得到政府的強力監管，使投資者有更多保障，從而吸引更多的市民有信心加入，把各個板塊的價格推高，使虛擬貨幣產業的發展更加健康。

而在相對較為保守的地方，例如中國內地，對其人民採取較嚴格的監控政策，不容許虛擬貨幣及其相關的金融工具流通市面，以免帶來外匯流失，以及非法集資、洗黑錢活動及走私漏稅等等的負面影響，卻令其市民沒有機會參與這新一輪的虛擬資產發展，無論這個技術將來如何演變，這些國家都會比其他國家落後。因此，從政策上的取態已可見其日後的發展。其實中國在乾隆年間，亦同樣有過這樣的分水嶺，當時西方開始工業革命，但是清朝覺得自視為天朝大國，不屑學習蠻夷之淫巧，從此中國就錯過了發展工業的契機，最後被西方的船堅炮利威脅，甚至面臨瓜分危機。但是歷史往往卻是不斷重演，很可能這次中國又會再一次錯過虛擬世界的科技革命。

6.3 另一個鬱金香狂潮？

所謂鬱金香狂潮就是指 16 世紀末期，商人從土耳其進口鬱金香球莖到荷蘭，並進行培植及推廣，由於鬱金香球莖顏色鮮豔，數量稀少，逐漸受到富人的追捧。種植者因而四處搜羅不同品種的鬱金香球莖加以囤積居奇。眼見利字當頭，其他歐洲國家的投機分子亦瘋狂地湧到荷蘭參加這場鬱金香狂潮。在搶購、囤積和炒賣的惡性循環下，鬱金香球莖的價格一路高升，最後連市民大眾都參與到這場投機炒賣中，球莖的價格更一度飆升到 1,500 盾，等於一個熟練木匠四年的工資，如是者便形成了一個超級泡沫。但不久，黑死病的來臨使部分民眾意識到鬱金香球莖與其實際價值不符，開人有人懷疑受騙並且沽貨離場，隨即更引起廣泛的恐慌性拋售，泡沫立即爆破。最終在 1637 年 2 月 3 日，當大家都未有心理準備之際，荷蘭的鬱金香球莖價格直線崩潰，跌至和洋蔥的價格差不多，投資者損失慘重。從此以後，荷蘭的經濟便一蹶不振，荷蘭的黃金時代一去不返。

比特幣在 2009 年正式面世後一段頗長的時間幣值都比較相宜，一個標誌性的交易記錄在 2010 年出現，以 1 萬比特幣換取 2 個 Pizza，即一個比特幣約等於 1 美仙。2016 年後，隨着關注度提升及傳媒炒作，比特幣開始帶領着整個虛擬貨幣市場踏入上升軌道。2017 年 12 月比特幣到達歷史新高 19,873 美元。但是兩個月後，中國政府禁止比特幣及一切的虛擬貨幣在中國境內交易，觸發比特幣下跌至 7,000 美元。當市場出現一片愁雲慘霧的時候，很多人開始覺得虛擬貨幣的價格大起大跌，跡象與當年的鬱金香泡沫爆破如出一轍，再加上網絡的炒作，很容易把這兩件事畫上等號。悲觀者甚至懷疑整個虛擬貨幣市場將面臨崩潰，更有許多礦工停止挖礦，並把礦機低價沽出，失望離場，損失慘重。雖然在 2020 年時，幣值已回升至 10,000 美元左右，但是新冠疫情爆發，虛擬貨幣市場再次處於不確定狀態，當時有不少人感到鬱金香事件再次來臨。不過這次低潮並沒有持續很長時間，隨着個人和投資公司不斷增持比特幣，及陸續有商店支持比特幣支付，虛擬貨幣在年底大幅飆升，比特幣再創歷史高峯至 59,000 美元。但很快，又迎來新的衝擊。2021 年 5 月，Elon Musk 取消接受比特幣作為支付貨幣購買 Tesla，市場立即有所反應，比特幣價格跌了一半 —— 鬱金香末日論再次充斥市場。7 月，Elon Musk 透露有可能重新接受比特幣，市場立即反彈，11 月份，更再次突破歷史新高至 66,900 美元。但是鬱金香泡沫論始終揮之不去，人們擔心在這個歷史高位後，比特幣很快就會再次大跌。

很多人都非常擔心比特幣和其他的虛擬貨幣會像荷蘭鬱金香狂潮的泡沫爆破般歷史重演，主要原因是認為虛擬貨幣本身沒有內在價值，但其實現今世界貨幣都已經取消了金本位制，即其法定貨幣都已沒有其內在價值，只是因為人們對其有信心便使其成為流通貨幣，但本質上其實和虛擬貨幣沒有兩樣。近年來，虛擬貨幣的價格不斷上升，其真正原因正是不斷有人加入這個市場並熱烈追捧，更反映人們對虛擬貨幣越來越有信心。那麼現在新的問題就是：這個信心會破滅嗎？由於技術不斷改進，加上政府逐漸加強監管，無論是金融或者網絡上的風險已經減低很多了，可見人們對虛擬貨幣的信心只會越來越穩固。相對於鬱金香狂潮的 17 世紀，生活在 21 世紀的人，普遍的知識水平及獲得資訊的能力已經提升很多，不是說現代人不會出現羊羣效應的恐慌拋售，只是他們應該已有更豐富的投資經驗，亦會更好地控制他們的投資策略，不會那麼容易盲目跟風。和當年不一樣的地方還有，現今是全球一體化，絕大多數的國家和人民都一起參與這場虛擬貨幣革命，由於參加的人數不斷增加，同時不斷投入資金，所以整個虛擬貨幣的價格一直得到支持而處於上升軌道，而不像鬱金香泡沫般只是少數人的投機炒賣。

當年的鬱金香狂潮，最初是由需求帶動價格上升，屬市場正常反應，但後來吸引來自歐洲各地的瘋狂投機者，使大量熱錢湧到荷蘭，炒賣鬱金香期貨合約，使短短幾個月內，鬱金香球莖價格飆升幾十倍，最終導致泡沫爆破。其實泡沫的爆破未必是一件壞事，跌市其實是市場的自我調整機制，將價格回復正常，是發展的必經階段，就像當年 Dot.Com 的爆破一樣，此後互聯網的發展便更上一層樓。以此角度來看，比特幣一波又一波的起起跌跌亦是市場機制發揮作用，是正常運作，而不是世界末日，不用悲觀。在 2018 年的第一次虛擬貨幣價格崩潰還可以理解為鬱金香狂潮的爆破，當時兩件事件的性質較為相似，都被投機者囤積居奇過分炒賣，將它變成賭博而不是理性投資，而且其時虛擬貨幣本身未有實際用途，只是人們用來炫耀之用。但是當市場穩定後，區塊鏈產業繼續發展，虛擬貨幣漸被市場接受及應用，如今若再以投機泡沫來形容它，就好像不太適當了。

而且，虛擬貨幣發展與鬱金香狂潮還有着許多不同。鬱金香是植物，不能存放太久，亦不適合遠程運輸；但是虛擬貨幣是可以永恆地存在於網絡上，兩者的生命週期完全不同。並且，虛擬貨幣存在着有限供應量，不像鬱金香可以無限培植，因此比特幣及其他虛擬貨幣可以作為價值儲存及對抗通脹的工具。而且，虛擬貨幣流通速度快，轉瞬間便可到達世界每個角落，令它的應用更廣泛。再者，虛擬貨幣的認受性更廣，整個鬱金香狂潮只維持了六個月就土崩瓦解，比特幣從誕生到現在已經超過 10 年，就算從 2017 年價格上升開始算起都已經超過五年歷史，可見市場投資者已認可虛擬貨幣作長期投資，加上市場日趨成熟，已經不像是單純的投機炒賣，而是逐漸成為一個能持續發展的產業。

虛擬貨幣更有實際的交易功能。無可置疑，鬱金香是種顏色鮮豔的美麗花朵，但是除了觀賞外就沒有其他實際的用途。相反，虛擬貨幣是設計為交易媒介之用，有了數碼資產後它更很可能變成虛擬世界的唯一法定貨幣。同時它亦開創一個全新的生態系統：ICO 熱潮、 DeFi 、 NFT 、元宇宙……虛擬貨幣發展不斷進化，更已充分具備作為交易貨幣的性質。

6.4 與全球減碳政策的矛盾

全球暖化日益嚴重，它對我們的直接影響是：海平面上升、氣候變暖、頻繁出現極端天氣、引起大規模物種滅絕、農作物減產引發糧食危機等，更有一部分城市將會被淹沒。因此，全球暖化已被視為全人類的公敵，各國政府正展開一連串的對應措施，如聯合國氣候峯會於 2015 年通過巴黎協議共同控制溫室氣體的排放，目標是把全球平均氣溫升幅控制在工業革命前水平兩度之內。但至 2018 年，全球溫室氣體排放問題仍然嚴重，如二氧化碳排放量高達 553 億噸。要達到減排目標最佳做法是大量增加可再生能源，例如利用風力、太陽能、潮汐、地熱等等發電，取之不竭。但在可再生能源技術仍未成熟的情況下，我們唯一可以做的便是減少使用化石燃料。

在過去 20 年中，75% 的人為二氧化碳排放主要是燃燒化石燃料作為發電及交通之用。而至近年，由於比特幣的幣值飆升吸引大量礦工加入挖礦行列，數以萬計的挖礦機 24 小時全天候工作，不斷消耗電力。每年開採比特幣消耗的電量更達 110 TWh（1 TWh=10 億度電），達全球發電量的 0.55%，即差不多等於馬來西亞或瑞典等國家一年的耗電量。而且問題是其實這些電力消耗是可以避免的，毫無疑問，挖礦增加了不必要的碳排放，為虛擬貨幣發展帶來一定壓力。

挖礦是指把虛擬貨幣的交易資料進行認證，並在加密後連接到區塊鏈上，由於要實現去中心化，這些區塊鏈資訊會被廣播到每一個網絡節點上，過程中十分耗電。由於交易頻繁，耗電量更是驚人。但是消耗問題來源是在於共識機制上，比特幣是採用工作量證明（PoW）的共識機制，礦工們要先鬥快算出指定的算術難題來競爭創建區塊的權利，因此礦工們會大量建造超強算力的挖礦機來增加競爭能力，從而增加比特幣的獎勵。由於比特幣幣值飆升，近年來吸引更多礦工們瘋狂地建立超級挖礦工廠，所以消耗於挖礦的電力不斷上升。而且，使用相關的冷卻系統和數據中心等亦同時大量消耗電力。

而共識機制中，最消耗電力的罪魁禍首是 PoW ，用工作量證明的共識機制來挖礦是非常低效率的。而用其他的共識機制便不用挖礦，如權益證明（PoS）共識機制就是另一個較好的選擇，它是利用持幣量來分配建立區塊權利，因此就沒需要採用高耗電量的挖礦機來挖礦，可以把耗電量減低 99.95% 。在各國政府的壓力底下，不難想像在不久的將來虛擬貨幣會拋棄使用 PoW ，而採用另一個低耗電的共識機制。由於解決了耗電的問題，相信在這方面的壓力亦會解決。但是，如果不再用 PoW ，現時的挖礦行為將會消失，那麼怎樣處理比特幣呢？而且 PoS 意味着貧者越貧富者越富，這和虛擬貨幣的創造初衷背道而馳，那又要怎樣處理呢？相信未來有一種權衡兩者的新共識機制出現，以解決以上問題。

筆者認為一個比較可取的共識機制，應該包含多種考量元素，例如：工作量證明（某類型的雜湊值方程式）+ 網絡（暢順）證明 + 電腦算力證明（CPU 算力）+ 儲存量證明 + 權益證明（像 PoS）+ 減碳證明（最少耗電量）+ 礦工信用證明 + 運氣證明（隨機函數）；而每個因素都要乘上一個加權值。這樣就會確保多方面的平衡，同時亦不會浪費能源，更保障大規模交易量。

6.5 虛擬貨幣與人工智能

近年來人工智能（Artificial Intelligence, AI）這個名稱好像被濫用，不單在科幻小說、電視、電影裏可以看到，在互聯網的賣車廣告、地產廣告，甚至藥品廣告、藝術品宣傳以至勞動市場等等都加入人工智能元素。人工智能被描述到像萬能一樣，比人類智慧更高，成為人型機械人的另一個代號，這實在是太過神化。其實所謂人工智能，只是一種電腦程式，通過收集並分析大量外部數據，從這些數據中學習而獲得其中的模式，其後電腦便可以靈活處理適應實際的特定目標。人工智能可以定義為模仿人類思維的認知機器，它的好處是電腦可以同時連接網絡和成千上萬的傳感器，獲取大量數據來認知世界，亦可以快速而準確地計算大量資訊，從而獲得精準答案，而筆者認為最重要的好處是可以進行全天候的純邏輯操作，不像人類會有感性的阻礙。因此，人工智能可從過去的數據中學習，作出合邏輯的抉擇並快速回應，此能力更可應用於專家系統（Expert System）、語言處理（Natural Language Processing）及圖像處理（Image Processing）等等。

其實，人工智能很早已經被應用在金融市場，隨着虛擬貨幣的興起，人工智能技術更與區塊鏈應用相互結合，使之得以分析各區塊中的公開及私密交易數據，並可以製造出接近人類智慧的投資策略，把原始數據變為價值。現時，已經有很多公司利用這個概念於 ICO 發行新幣集資，並持續開發這些新技術。在虛擬貨幣應用中，人工智能主要有兩方面的發展路向：

第一，是進行大數據分析，即在虛擬貨幣市場上獲取每種貨幣的交易數據，甚至對每個競價的數據都作詳細分析，亦在社交媒體上搜集原始數據進行觀點整合，從而了解社區脈搏。通過分析數百萬個獨立數據，利用人工智能找出不同組合的模式，建立預測模型，從而得到一個理性的市場走向預測。準確的市場預測是無價的，試想一下，若果我們可以透過人工智能預測到下星期比特幣的幣值，這技術絕對是一個無價寶。除了預測市場動態外，它更可以全天候監察市場，以確保交易公平性。由於區塊鏈的虛擬貨幣交易記錄是公開的，因此可運用人工智能進行全天候監察，留意所有微細的市場變化，並洞察虛擬貨幣市場有沒有出現作弊現象，並找出不正常的交易行為。在個人而言，大數據分析能夠作為市場預測，例如當人工智能追蹤到某個知名人士大量拋售某種虛擬貨幣，我們便可以利用這個資訊調節投資策略，從而獲利或者避險。對市場而言，更能發揮監察功能。不同機構均會利用人工智能對每種虛擬貨幣的發行商及交易所進行無間斷的追蹤監察，以確保市場公平操作。

第二，是代替人類進行交易。現時已開始出現專門用於進行虛擬貨幣頻繁交易的人工智能機械人軟件，這些軟件通過分析歷史大數據找出市場升跌的規律，從而制定買賣策略，並自動執行炒賣操作，捕捉短期波幅而獲利。這些程式摒除了人類情感影響，只按邏輯及數據重複執行指令，而且可以全天候操作，因而無論在交易的準確性、運作時間和理性方面，都遠遠比人類優勝。

無可否認，人工智能和區塊鏈的結合為我們提供了無限的想像空間。據 marketsandmarkets.com 研究所得，這個新科技板塊在 2025 年將會成為價值 1,900 億美元的投資市場。現在，人工智能技術已普及至各行各業的每一個層面，與此同時，配合區塊鏈的去中心化公開共享資料、安全地加密及儲藏資訊的特點，將使兩者在商業市場、公共醫療、物聯網（IoT）等等範疇內有更多不同的應用方式，再加上智慧合約，相信可進一步加強自動化服務。

現在，人工智能和區塊鏈技術可供我們投資的領域實在太多，如在基建方面，大數據、雲端計算、物聯網都可以投資；在人工智能應用程式方面，自動化、機械學習、認知系統等等亦很值得投資。而結合認知系統與區塊鏈數據，更可以判斷出每一個獨立投資者的電子錢包中每一則交易記錄以及其附帶的競價資料，並可以精準地估算到每一個交易者背後的出價條件，和預測到最後成交價——人工智能已經可以達到如此神奇精準的地步。筆者相信，人工智能將會改變世界，其應用層面亦會是無孔不入。

6.6 虛擬貨幣還能走多遠？

要估計虛擬貨幣的走勢真是頗有挑戰性，因為現時虛擬貨幣無論是在技術層面或者市場發展方向都相當變幻莫測，始終虛擬貨幣都是非常新穎的存在。儘管如此，我們仍可嘗試從多角度探討由今天到 2030 年間虛擬貨幣的走勢。

大家最關心的問題應該是比特幣和其他主要的虛擬貨幣在未來幾年裏的價格走勢 —— 虛擬貨幣會否取代現時的主流貨幣，成為主要的交易媒介？在本章的第一節，我們已經分析過虛擬貨幣在未來至少會成為主流交易貨幣的其中一個新成員，而其衍生產品亦會作為一種新的金融資產類別。而比特幣則會繼續以「數字黃金」的姿態存在於虛擬世界中，由於其稀有性和市場認受性不斷提高，加上它具備跨國匯款、避稅和進行其他匿名活動等有灰色地帶的功能，令其價格持續上升，相信由現時的 50,000 美元，到 318,000 美元，再到 50 萬美元都是有可能的。至於其他的虛擬貨幣就可能會各走各路，擁有自我發展藍圖和受到普遍認受的虛擬貨幣相信仍會得到市場垂青，但是其餘絕大多數新發行的貨幣就很可能會慢慢被人遺忘。綜觀而言，現時只要美元及歐元區繼續有資金投入，虛擬貨幣的價格就會繼續得到支持，人們亦會保持信心追捧。但是當投入的資金逐漸減少，市場氣氛開始轉淡，就很有可能引發連鎖性的恐慌拋售，價格有機會出現暴跌，所以投資虛擬貨幣要時刻留意這種大幅度波動，做好一切避險措施，風暴過後，幣值亦會重拾升軌。

2021 年 11 月 7 日，比特幣從 64,500 美元的歷史高位，一路持續下跌，並跌至截稿日（即 2022 年 6 月 14 日）的 22,500 美元。在此期間，差不多每天都有人向筆者提問：虛擬貨幣的泡沫是否已經爆破？虛擬貨幣還有將來嗎？現在是否撈底的好時機呢？

筆者的看法是正面的，虛擬貨幣將會繼續存在。在這一波的大跌市裏，反而加強了我對虛擬貨幣的信心。

在 2021 年末比特幣及其他虛擬貨幣都因為全球量化寬鬆對抗疫情，造成幣值飆升。2022 年 3 月開始，量化寬鬆及供應鏈阻塞導致嚴重通貨膨脹，美國政府帶頭加息和縮表對抗通脹，導致全球預期銀根收縮的消息不斷，加上俄烏戰爭造成原油和糧食價格上升，因此引發投資市場崩潰，股市、債市價格下跌。但從另外一個角度來看，就算在整個投資市場下滑，甚至 Luna 幣大跌 99% 的情況，比特幣的幣值依然站穩在 2 萬美元以上。已經充分反映到比特幣及其他主要的虛擬貨幣已經擁有它們的市場價值。在這半年裏，繼續會受着加息和縮表的影響，市場將會十分波動，虛擬貨幣幣值亦會受壓，比特幣可能會下跌低過 2 萬美元。若果是這樣的話，這個反而可能是入市的時機，因為比特幣是可以作長期投資的。

在可見的未來，虛擬貨幣，尤其是比特幣、以太幣、狗狗幣等等大交投量的貨幣，將會受着以下幾個主要因素影響。持有大量虛擬貨幣的名人將繼續發揮其影響力左右幣值升跌，他們在社交媒體的舉手投足都會令市場產生敏感反應，從而操控大市。與此同時，相信會有更多第三世界的國家接受虛擬貨幣作為法定貨幣。同樣，亦會有越來越多網上及實體商店接受虛擬貨幣作為支付媒介，當需求持續增加，價格便自然會上升。此外，量化寬鬆所引致的通貨膨脹亦會繼續刺激虛擬貨幣的需求，人們會以虛擬貨幣作為對抗通脹的工具。無庸置疑，現時虛擬貨幣處於快速增長期，越來越多人進入虛擬貨幣市場，尤其是投資它們的 ETF（Exchange-Trade Fund，交易所買賣基金）、期貨及衍生品市場。

另一方面，虛擬貨幣可能會不再去中心化。近年來，各國政府已經開始制定法例加強對虛擬貨幣的監管，不論在發行貨幣或者交易所運作都將會有一連串的金融規定，這些措施會令虛擬貨幣失去原本的交易自由度，喪失去中心化的獨立性，與其設計初衷背道而馳；但換來的是人們廣泛的信心和認受性，減低貨幣發行商的欺騙行為和交易所的黑箱作業式管理，並在某程度上控制黑客活動及堵塞網絡保安漏洞。長遠來說，是對整個行業帶來積極影響，加速虛擬貨幣融入主流金融市場。其實各國政府並不反對應用虛擬貨幣作為交易支付，但對於現時的寡頭操縱、走私漏稅、幣值不穩等等現象卻不可坐視不理，更甚的是不少騙徒利用 ICO、CeFi Earn、DeFi Farming、NFT 等鼓吹民眾瘋狂炒賣，讓大量無知市民受害。因此，多國政府已積極研究自行發行虛擬貨幣——一種非去中心化的虛擬貨幣，它比現在通行的法定貨幣更具追溯性，更適合政府管理的需要。

最後從技術層面分析未來的走勢。2020 年的新冠病毒爆發是虛擬貨幣取得突破進展的關鍵因素，它加速了整個人工智能、互聯網絡、大數據、物聯網、雲端計算和數據中心的發展。未來的世界將會更廣泛地利用區塊鏈技術發展新的應用方式，如用智慧合約和 DApp 釋放新一輪的虛擬資產、去中心化的物聯網、以人工智慧及量子電腦分析互聯網資訊及大數據、獲取更佳演算模型預測幣值趨勢等。進入元宇宙，我們將會浸淫在整個虛擬世界裏面，利用雲端計算挖礦（或者不再需要挖礦，而是用新形的共識機制來「開採」虛擬貨幣）、直接購買網上的虛擬資產和服務、從人工智能裏簡化每日所需的訊息、虛擬貨幣會成為網上的法定貨幣、人工智能直接控制機械人成為智慧形的勞動力……未來有着無限可能。